Desenho Técnico para Mecânica

Conceitos, Leitura e Interpretação

Seja Nosso Parceiro no Combate à Cópia Ilegal

A cópia ilegal é crime. Ao efetuá-la, o infrator estará cometendo um grave erro, que é inibir a produção de obras literárias, prejudicando profissionais que serão atingidos pelo crime praticado.

Junte-se a nós nesta corrente contra a pirataria. Diga não à cópia ilegal.

Seu Cadastro É Muito Importante para Nós

Ao preencher e remeter a ficha de cadastro constante no final desta publicação, você passará a receber informações sobre nossos lançamentos em sua área de preferência.

Conhecendo melhor nossos leitores e suas preferências, vamos produzir títulos que atendam suas necessidades.

Obrigado pela sua escolha.

Fale Conosco!

Eventuais problemas referentes ao conteúdo deste livro serão encaminhados ao(s) respectivo(s) autor(es) para esclarecimento, excetuando-se as dúvidas que dizem respeito a pacotes de softwares, as quais sugerimos que sejam encaminhadas aos distribuidores e revendedores desses produtos, que estão habilitados a prestar todos os esclarecimentos.

Os problemas só podem ser enviados por:

1. E-mail: producao@erica.com.br
2. Fax: (11) 2097.4060
3. Carta: Rua São Gil, 159 - Tatuapé - CEP 03401-030 - São Paulo - SP

Michele David da Cruz

Desenho Técnico para Mecânica
Conceitos, Leitura e Interpretação

1ª Edição
2ª Reimpressão

São Paulo
2011 - Editora Érica Ltda.

Conteúdo adaptado ao Novo Acordo Ortográfico da Língua Portuguesa, em execução desde 1º de janeiro de 2009.

Dados Internacionais de Catalogação na Publicação (CIP)
(Câmara Brasileira do Livro, SP, Brasil)

Cruz, Michele David da
Desenho Técnico para Mecânica: Conceitos, leitura e interpretação / Michele David da Cruz. -- 1. ed. -- São Paulo: Érica, 2010.

Bibliografia.
ISBN 978-85-365-0320-2

1. Desenho técnico 2. Desenho técnico - Estudo e ensino 3. Mecânica I. Título.

10-11682 CDD-621.381022107

Índices para catálogo sistemático
1. Mecânica : Desenho técnico : Estudo e ensino 621.381022107

Coordenação Editorial: Rosana Arruda da Silva
Capa: Maurício S. de França
Editoração e Finalização: Roseane Gomes Sobral
Marlene Teresa S. Alves
Rosana Ap. A. Santos
Adriana A. Santoro
Carla de Oliveira Morais
Avaliação Técnica: Gilmar Morales

Editora Érica Ltda.
Rua São Gil, 159 - Tatuapé
CEP: 03401-030 - São Paulo - SP
Fone: (11) 2295-3066 - Fax: (11) 2097-4060
www.editoraerica.com.br

Dedicatória

Este livro é dedicado às pessoas mais importantes da minha vida - meus pais e meus irmãos.

"E eu serei para vós Pai,
E vós sereis para mim filhos e filhas,
diz o Senhor Todo-Poderoso."

II Coríntios 6:18

Agradecimentos

A Deus, sempre presente em minha vida;

Aos amigos que me incentivam;

Aos leitores, meus motivadores.

Sumário

Sobre a Autora

Michele David da Cruz, autora de diversos livros de CAD 2D e 3D, é mestre em Engenharia de Processos Industriais pelo Instituto de Pesquisas Tecnológicas do Estado de São Paulo, engenheira graduada pelo Instituto Mauá de Tecnologia - Escola de Engenharia Mauá e possui cursos de especialização na área de Tecnologia da Informação.

Possui experiência na área de engenharia e qualidade em desenvolvimento de projetos e produtos, no suporte, programação, treinamento de softwares 2D e 3D em diversas plataformas e para as mais variadas áreas.

É autora dos livros Autodesk Inventor 2010 - Prototipagem Digital - Versões Suite e Professional, Autodesk Inventor 2009 - Prototipagem Digital - Versões Suite e Professional, Autodesk Inventor 2008 - Teoria e Prática, Autodesk Inventor 11 - Guia Prático para Projetos Mecânicos 3D, Autodesk Inventor 10 - Teoria e Prática - Versões Series e Professional, Autodesk Inventor 9 - Teoria e Prática e CATIA V5R20 - Modelagem, Montagem e Detalhamento - 2D e 3D - para Windows. É coautora do livro Estudo Dirigido de AutoCAD 2005 - Enfoque para Mecânica.

Prefácio

Os desenhos técnicos devem ser capazes de transmitir claramente a desenhistas, projetistas e demais profissionais todas as informações necessárias referentes a um determinado projeto que sairá do papel e será construído.

Para evitar diferentes interpretações e dúvidas, as representações gráficas, ou seja, as informações a serem colocadas num desenho técnico foram padronizadas em normas técnicas. No Brasil o órgão responsável pela normalização técnica é a Associação Brasileira de Normas Técnicas (ABNT). Desta forma, os conceitos desenvolvidos neste livro foram adequados conforme a ABNT.

Os temas são apresentados de forma didática e ricamente ilustrados, facilitando o aprendizado.

O livro mostra os principais materiais utilizados em desenho, conceitos de CAD, formatação e dobramento de folhas, informações necessárias em legendas e tabelas de modificações, detalhes sobre caligrafia técnica, significado para cada tipo de linha utilizada, características do desenho geométrico e construções geométricas.

Detalha também as operações básicas da matemática técnica aplicada ao desenho técnico, projeção ortogonal e perspectivas, regras básicas de representação, tipos de cortes e hachuras, cotagem, escalas, simbologias, rugosidade e tolerâncias.

A autora

Sobre o Material Disponível na Internet

O material disponível no site da Editora Érica (www.editoraerica.com.br) contém PDF com as respostas dos exercícios do livro. Para visualizar esse arquivo, é necessário possuir instalado o Adobe Acrobat Reader versão 8 ou mais recente.

Respostas. exe - 394 KB

Procedimento para Download

Acesse o site da Editora Érica: www.editoraerica.com.br. A transferência do arquivo disponível pode ser feita de duas formas:

- **Por meio do módulo pesquisa**. Localize o livro desejado, digitando palavras-chave (nome do livro ou do autor). Aparecem os dados do livro e o arquivo para download. Com um clique o arquivo executável é transferido.

- **Por meio do botão "Download"**. Na página principal do site, clique no item "Download". É exibido um campo no qual devem ser digitadas palavras-chave (nome do livro ou do autor). Aparecem o nome do livro e o arquivo para download. Com um clique o arquivo executável é transferido.

Procedimento para Descompactação

- *Primeiro passo:* após ter transferido o arquivo, verifique o diretório em que se encontra e dê um duplo clique nele. Aparece uma tela do programa WINZIP SELF-EXTRACTOR que conduz ao processo de descompactação. Abaixo do Unzip To Folder há um campo que indica o destino do arquivo que será copiado para o disco rígido do seu computador.

  C:\Desenho Técnico

- *Segundo passo:* prossiga a instalação, clicando no botão Unzip, o qual se encarrega de descompactar o arquivo. Logo abaixo dessa tela aparece a barra de status que monitora o processo para que você acompanhe. Após o término, outra tela de informação surge, indicando que o arquivo foi descompactado com sucesso e está no diretório criado. Para sair dessa tela, clique no botão OK. Para finalizar o programa WINZIP SELF-EXTRACTOR, clique no botão Close.

capítulo

1

Material para Desenho

Desenho técnico é uma maneira formal e precisa de prover informações sobre formato e dimensões de objetos físicos. Na área de mecânica é utilizado na criação de desenhos de engenharia com o objetivo de representar precisamente peças, equipamentos, ferramentas etc.

Pode ser realizado à mão livre, com a utilização de ferramentas (compasso, esquadro, escalas etc.) ou com métodos computacionais (programas de CAD).

O desenho deve fornecer com precisão todas as informações necessárias para a construção do objeto, tais como dimensões, tolerâncias, vistas, detalhes, cortes, tipo de material utilizado, símbolos e projeções.

Atualmente existem diversos softwares para a criação de desenhos técnicos, os quais agilizam e automatizam o trabalho dos desenhistas e projetistas, e também as chamadas ferramentas CAD (Desenho Assistido por Computador ou, no inglês, Computer Aided Design) para desenhos em duas dimensões. O programa mais conhecido é o AutoCAD.

No decorrer dos capítulos são apresentadas as técnicas para criação dos desenhos de forma tradicional e com o uso de software de CAD.

1.1 Instrumentos de Desenho

Na forma manual, ou seja, sem ajuda de programas computadorizados, podem ser utilizados diversos materiais para elaboração dos desenhos, tais como papel, lapiseiras, lápis, borracha, réguas, compassos, entre outros. O conhecimento desses materiais e os cuidados com eles são fundamentais para a qualidade do trabalho.

1.1.1 Lapiseiras e Lápis

Utilizados para traçar os desenhos, possuem diversos graus de dureza. Quanto maior a dureza do grafite, mais claro o traço; quanto menor a dureza (mais macios), mais escuros são os traços.

Para lapiseiras, Figura 1.1, recomenda-se a utilização das combinações de grafites 0.7 e 0.5 mm ou 0.5 e 0.3 mm.

Para lápis, Figura 1.2, recomenda-se utilizar as combinações de grafites HB e H ou F e 2H, lembrando que o lápis deve estar muito bem apontado. É importante apontá-lo distante da mesa de trabalho para evitar sujeiras e borrões.

Os lápis de grafite 9H, 8H, 7H, 6H, 5H e 4H são mais duros, os de grafite 3H, 2H, H, F, HB e B são de dureza média e os 2B, 3B, 4B, 5B, 6B e 7B são mais macios.

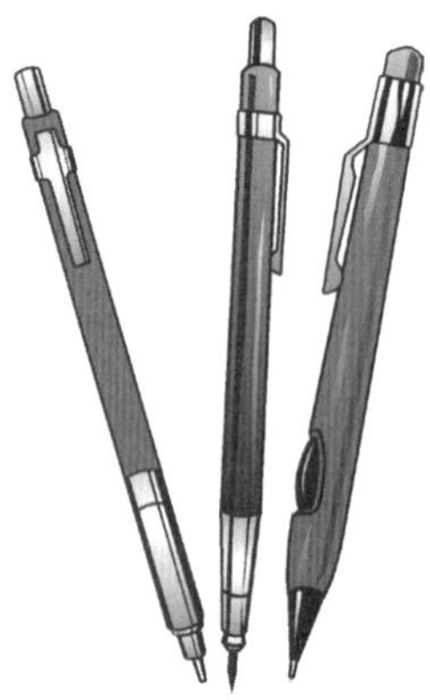

Figura 1.1 - Lapiseiras.

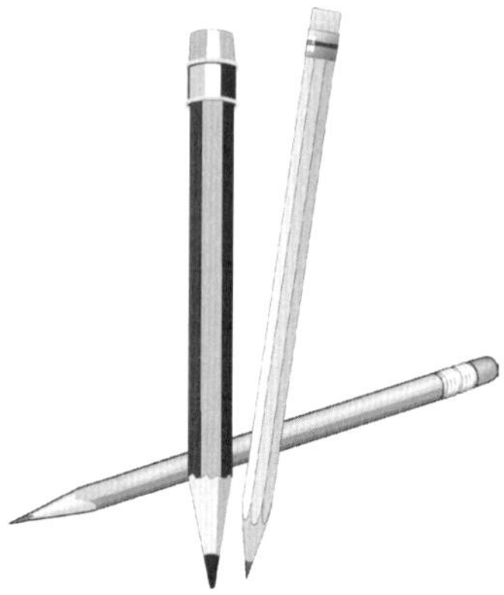

Figura 1.2 - Lápis.

1.1.2 Borracha e Lápis Borracha

Utilizados para apagar os traços. As borrachas devem ser de boa qualidade, macias e flexíveis.

Após a utilização da borracha, as partículas devem ser removidas com uma flanela e nunca com as mãos.

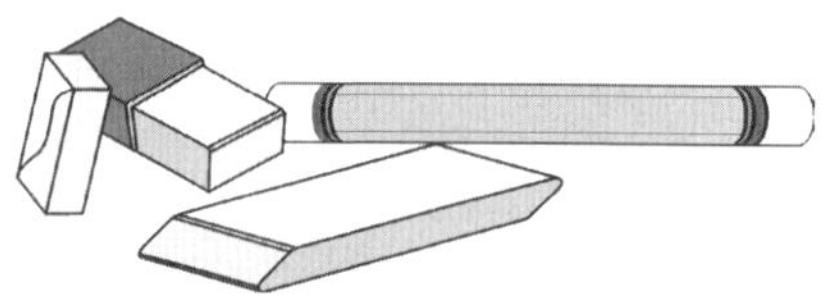

FIgyra 1.3 - Borrachas chanfradas, com capa plástica e lápis borracha.

1.1.3 Esquadros

São triangulares, utilizados aos pares com os ângulos de 45° e 30°/60°. Facilitam muito a criação de retas paralelas e perpendiculares.

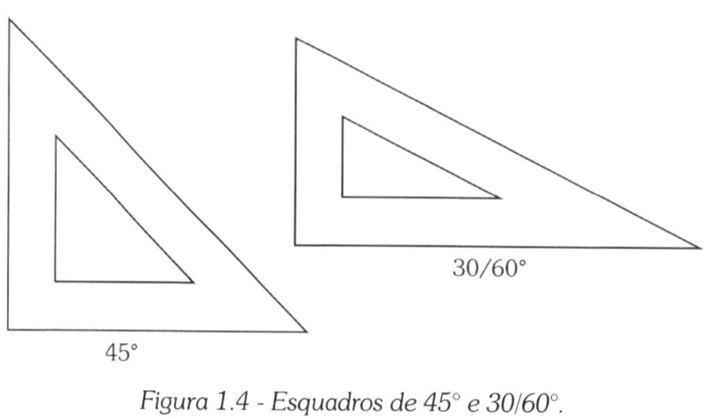

Figura 1.4 - Esquadros de 45° e 30/60°.

Criação de Retas Paralelas

- Posicione um dos esquadros e apoie o outro sobre o anterior, conforme a primeira imagem da Figura 1.5. Faça um traço como na segunda imagem da Figura 1.5, deslize o segundo esquadro sobre o primeiro, faça outro traço e assim por diante, como na terceira imagem da figura a seguir.

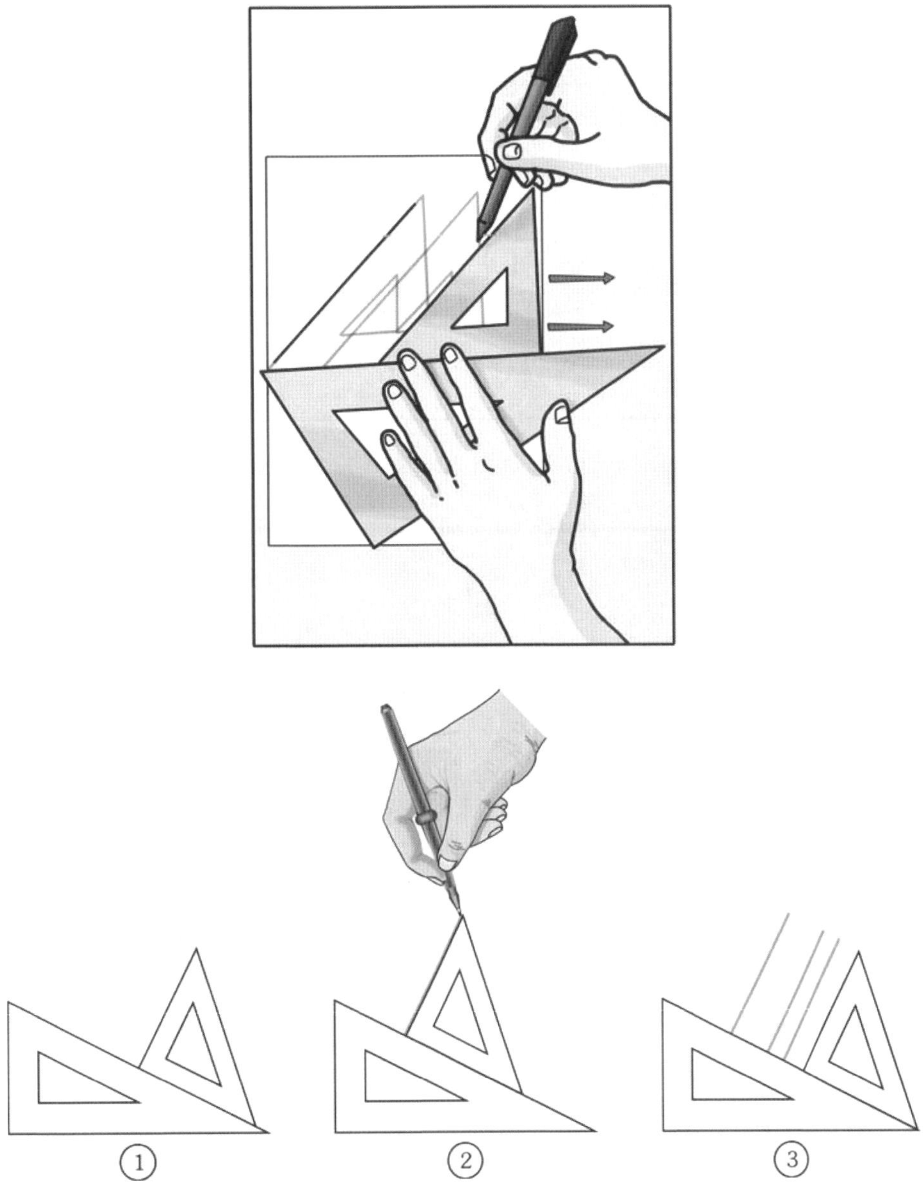

Figura 1.5 - Uso do esquadro para criação de retas paralelas.

Criação de Retas Perpendiculares

- Posicione um dos esquadros e apoie o outro sobre o anterior, conforme a primeira imagem da Figura 1.6. Faça um traço como na segunda imagem da Figura 1.6, rotacione o segundo esquadro sobre o primeiro, conforme a terceira imagem, e faça outro traço como na quarta imagem da figura.

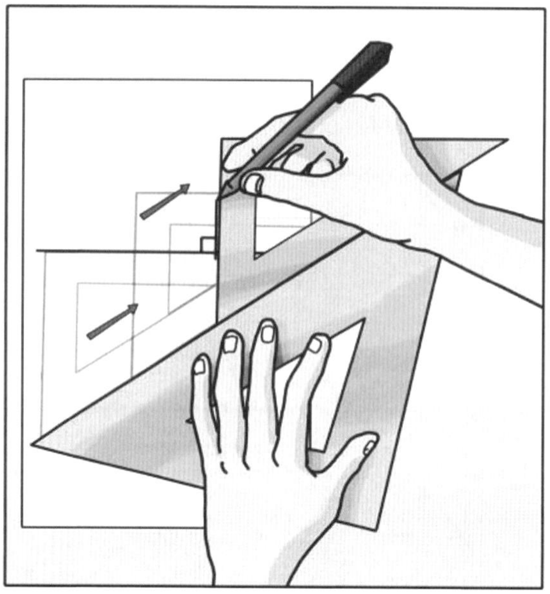

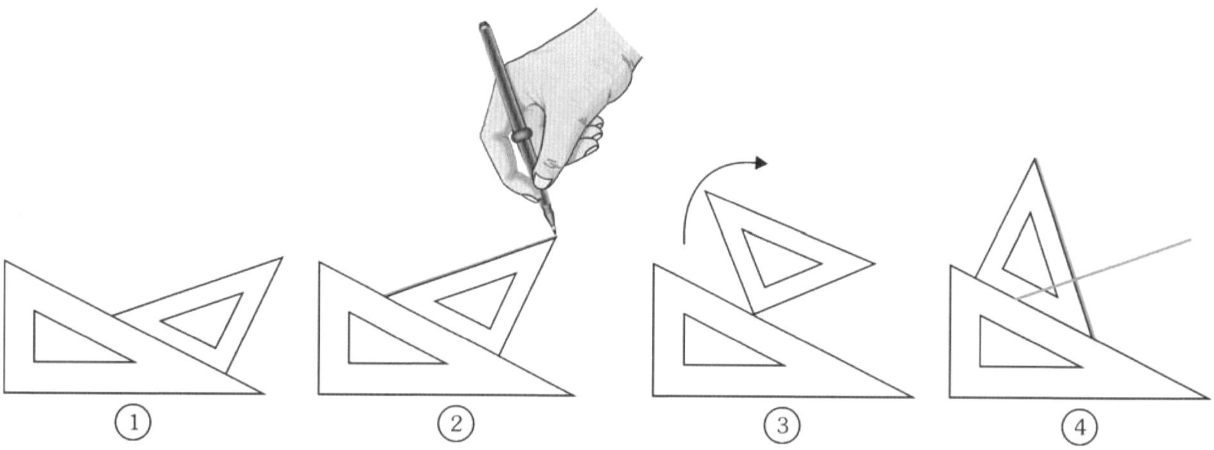

Figura 1.6 - Uso do esquadro para criação de retas perpendiculares.

1.1.4 Réguas

As réguas, geralmente em milímetros, são utilizadas para realizar medições e não devem ser usadas para cortar papel.

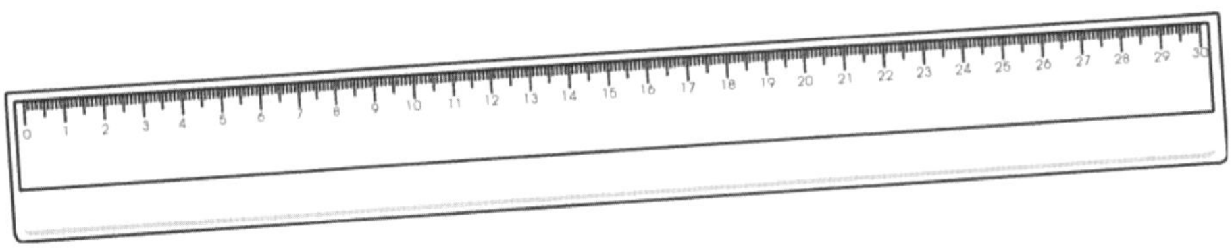

Figura 1.7 - Régua

1.1.5 Escalímetro

O escalímetro, Figura 1.8, geralmente triangular, é utilizado para realizar medições ou desenhar objetos em escala. Seu uso facilita leituras e evita cálculos, uma vez que possui diversas escalas.

Cada face possui duas escalas diferentes, sendo elas 1:20; 1:25; 1:50; 1:75; 1:100 e 1:125.

Cada unidade do escalímetro é correspondente a 1 metro.

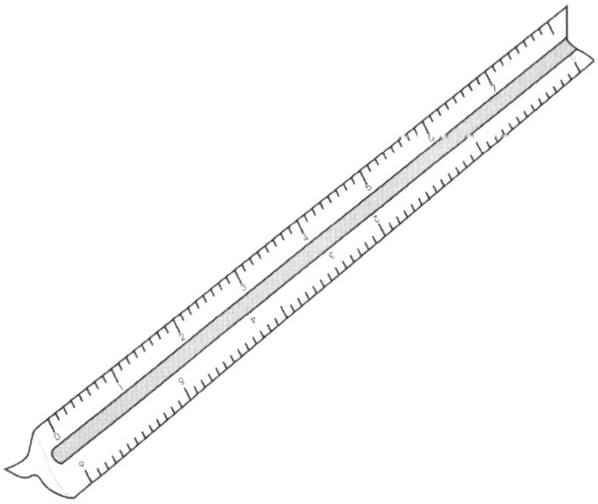

Figura 1.8 - Escalímetro.

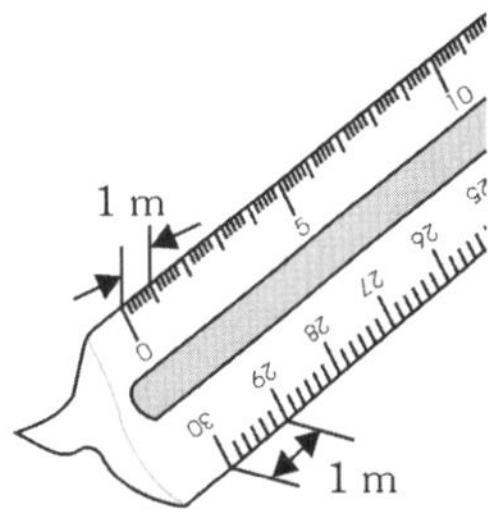

Figura 1.9 - Medidas do escalímetro.

1.1.6 Compassos

São instrumentos para criação de circunferências, arcos ou apenas para transportar medidas.

Para criação de circunferências e arcos, os compassos devem ter uma ponta seca e outra com grafite, Figura 1.10.

Para transportar medidas, os compassos apresentam duas pontas secas, Figura 1.11.

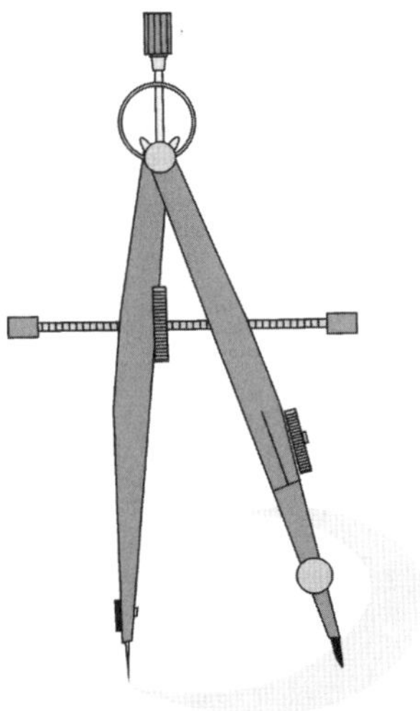

Figura 1.10 - Compasso com uma ponta seca e outra com grafite.

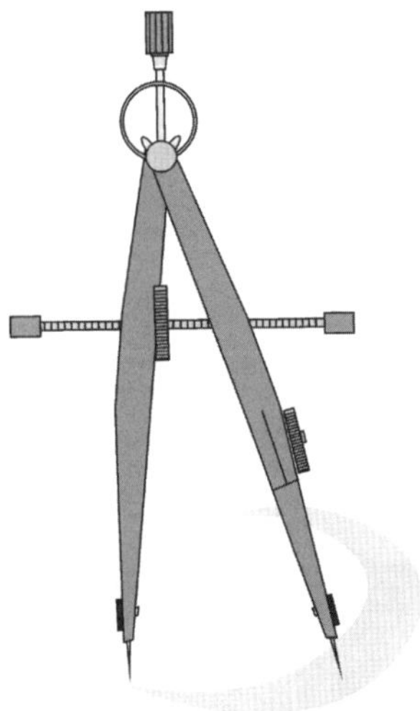

Figura 1.11 - Compasso com duas pontas secas.

1.2 Preparação e Limpeza dos Instrumentos de Desenho

Antes da utilização dos materiais, é preciso verificar os seguintes itens:

- As mãos devem estar limpas antes de manusear os instrumentos.
- Lápis e lapiseiras bem apontados. Nunca apontá-los sobre a mesa de trabalho, evitando manchas, borrões e marcas.
- A borracha deve ser utilizada o mínimo possível e as partículas liberadas devem ser retiradas com uma flanela limpa. Nunca removê-las com as mãos.
- Não utilizar a régua como guia no momento de cortar o papel com o uso de estiletes.
- Deve-se evitar ao máximo apoiar-se sobre a folha.

1.3 CAD

1.3.1 Conceito

CAD (Desenho Assistido por Computador ou, em inglês, Computer Aided Design) são programas criados especificamente para realização de desenhos técnicos.

Atualmente, existem programas específicos que permitem desenhar em 2D, 3D ou ambos. Para 2D o mais conhecido é o AutoCAD, para 3D existem programas como CATIA, Autodesk Inventor, SolidWorks, SolidEdge, entre outros.

A Figura 1.12 apresenta a tela de trabalho do AutoCAD.

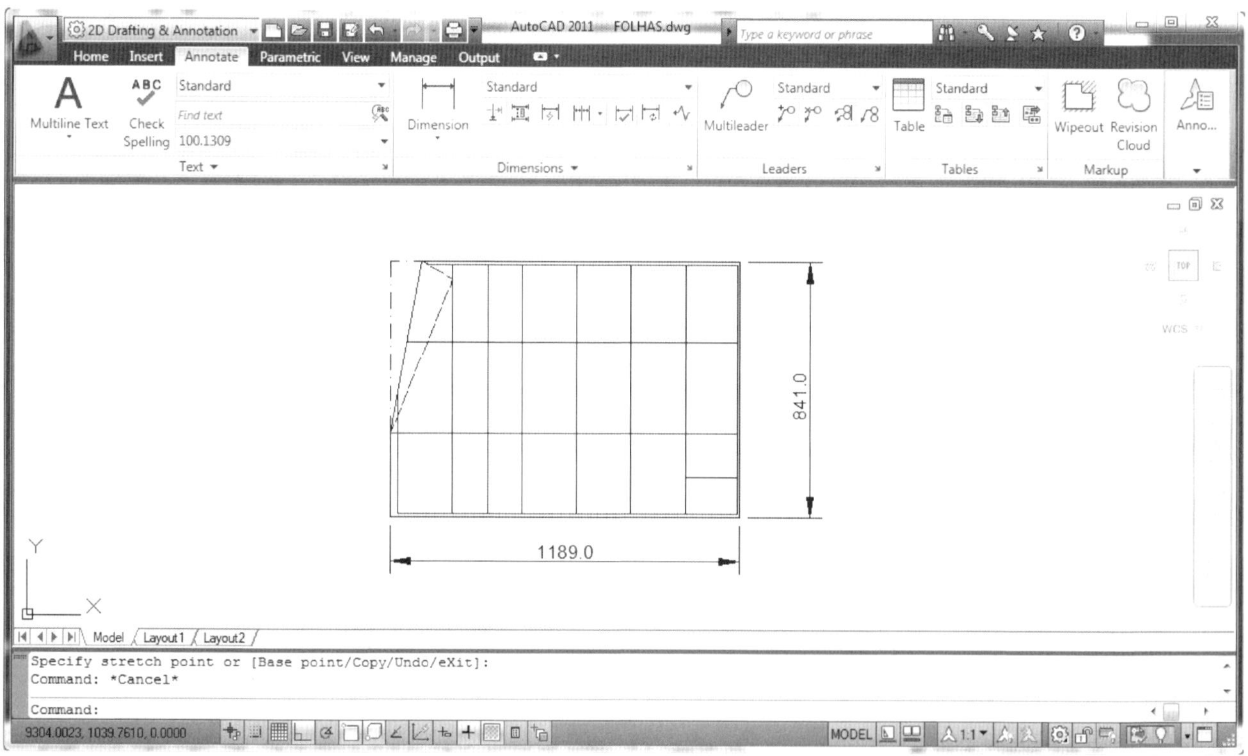

Figura 1.12 - Tela de trabalho do AutoCAD.

1.3.2 Noções Gerais

Esses programas (softwares) possuem diversas funções prontas para criação dos desenhos, como circunferências, retângulos, linhas, linhas auxiliares, ferramentas para realização de medições e cotagem, linhas de centro, símbolos de acabamento, superfície, tolerâncias etc.

Seu uso facilita o trabalho de desenhistas e projetistas, pois é possível apagar qualquer construção errada e refazer até que o trabalho esteja concluído. Uma vez finalizado, o desenho pode ser plotado em plotter em diversos tamanhos de folhas ou, quando possível, impresso em impressora comum.

1.4 Normas Técnicas para Desenho

O órgão responsável pela normalização técnica no Brasil é a Associação Brasileira de Normas Técnicas (ABNT). O objetivo da normalização é a padronização, para que todos possam utilizar a mesma linguagem, evitando dúvidas e erros de interpretações.

Para o desenho técnico as normas mais utilizadas são exibidas na Tabela 1.1.

Tabela 1.1 - Normas.
Fonte: http://www.abntcatalogo.com.br

NBR 6158	Sistema de tolerâncias e ajustes
NBR 8196	Desenho técnico - Emprego de escalas
NBR 8402	Execução de caractere para escrita em desenho técnico
NBR 8403	Aplicação de linhas em desenhos - Tipos de linhas - Larguras das linhas
NBR 8404	Indicação do estado de superfícies em desenhos técnicos
NBR 8993	Representação convencional de partes roscadas em desenhos técnicos
NBR 10067	Princípios gerais de representação em desenho técnico
NBR 10068	Folha de desenho - Leiaute e dimensões
NBR 10126	Cotagem em desenho técnico
NBR 10582	Apresentação da folha para desenho técnico
NBR 10209	Documentação técnica de produto - Vocabulário
NBR 12288	Representação simplificada de furos de centro em desenho técnico
NBR 12298	Representação de área de corte por meio de hachuras em desenho técnico
NBR 13142	Desenho técnico - Dobramento de cópia
NBR 13273	Desenho técnico - Referência a itens

1.4.1 Comandos do AutoCAD 2011

Apresentamos a seguir alguns comandos do AutoCAD 2011 para construção de objetos:

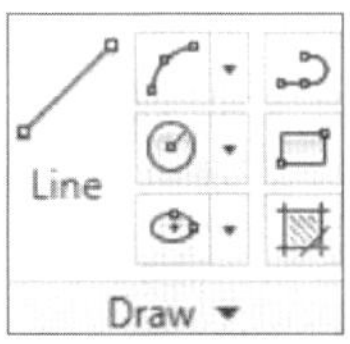

Figura 1.13 - Comandos de desenho do AutoCAD.

Comando	Ícone	Utilização
Line		Construção de linhas
Arc		Construção de arcos
Circle		Construção de circunferências
Elipse		Construção de elipses
Polyline		Construção de linhas e arcos num único comando
Rectangle		Construção de retângulos
Hatch		Aplicação de hachuras

Em alguns comandos existem outras opções de construções. Por exemplo, no comando Arc, para criação de arcos, há opções para criação de arcos a partir de diferentes dados de entrada.

Se escolher *Start End Center*, para a construção de um arco desse tipo devem ser fornecidos um ponto de início (Start), o ponto final (End) e o centro (Center) do arco.

Veja a na Figura 1.14 outras opções.

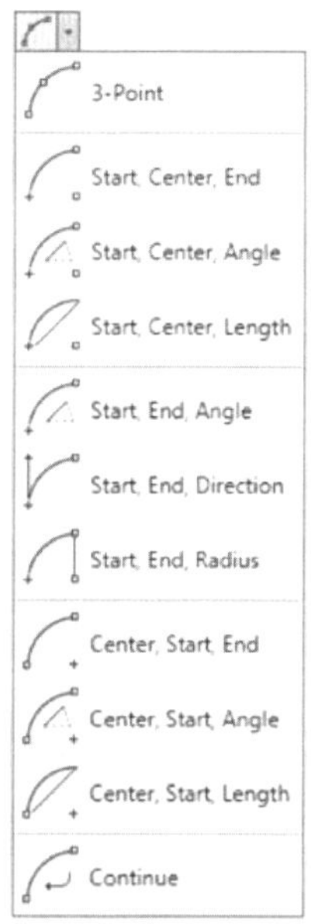

Figura 1.14 - Construção de arcos.

O mesmo ocorre para a construção de circunferências. Devem ser fornecidos os seguintes dados de entradas:

- **Center, Radius:** centro e raio
- **Center, Diameter:** centro e diâmetro
- **2-Point:** dois pontos
- **3-Point:** três pontos
- **Tan, Tan, Radius:** é preciso fornecer a primeira tangente, uma segunda tangente e o raio
- **Tan, Tan, Tan:** fornecer três tangentes

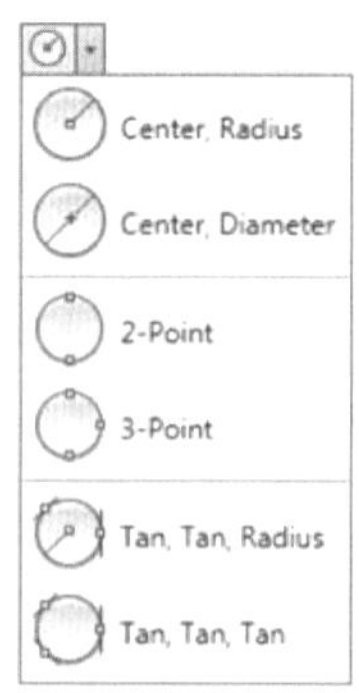

Figura 1.15 - Construção de circunferências.

Para a realização de anotações, existem os comandos apresentados na Figura 1.16.

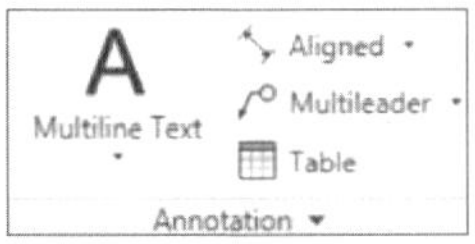

Figura 1.16 - Criação de anotações.

Comando	Ícone	Utilização
Multiline Text		Criação de textos
Aligned		Aplicação de cotas
Multileader		Aplicação de notas
Table		Construção de tabelas

O AutoCAD oferece os seguintes comandos para alteração de objetos:

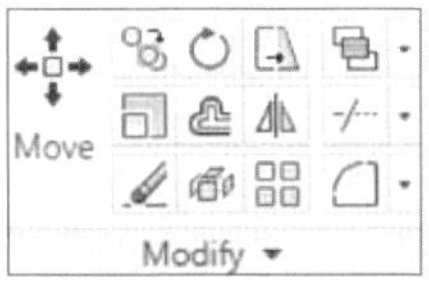

Figura 1.17 - Alteração de objetos.

Comando	Ícone	Utilização
Move		Mover objetos
Copy		Copiar objetos
Rotate		Rotacionar objetos
Stretch		Esticar objetos
Bring to front		Ordenar prioridade de visualização
Scale		Aplicar escalas
Offset		Criar objetos paralelos
Mirror		Espelhar objetos
Trim/Extend		Cortar/estender objetos
Erase		Apagar objetos
Explode		Separar objetos
Array		Multiplicar objetos sob determinado padrão
Fillet/Chamfer		Criar raios de arredondamento e chanfros

Existem ainda muitos outros comandos oferecidos pelo AutoCAD. Este item apresentou somente uma visão geral dos recursos disponíveis nessa ferramenta.

Anotações

capítulo

2

Formatos, Legenda e Tabela de Modificações

2.1 Formatação

2.1.1 Tipos de Papel

Os papéis podem ser opacos ou transparentes. Os opacos podem ser sulfite grosso, canson ou schoeller, e os transparentes são o papel-manteiga, vegetal, albanene e cronaflex. A escolha do tipo do papel depende da durabilidade e resistência desejadas e do trabalho a ser realizado.

2.1.2 Formatos

O papel utilizado para os desenhos é padronizado pela ABNT (NBR 10068), e o formato principal utilizado é o da série "A", Figura 2.1. O formato referência é A0 de 1 m^2; os demais derivam desse formato. Veja a Tabela 2.1.

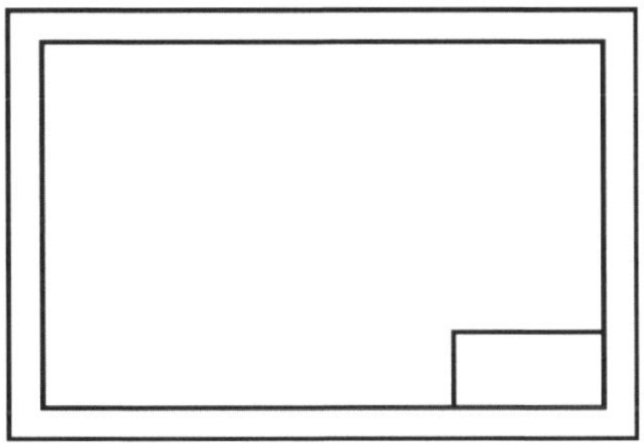

Figura 2.1 - Exemplo de folha.

Tabela 2.1 - Formatos da série "A".

Formato	Dimensões (mm)
A0	841 x 1189
A1	594 x 841
A2	420 x 594
A3	295 x 420
A4	210 x 297

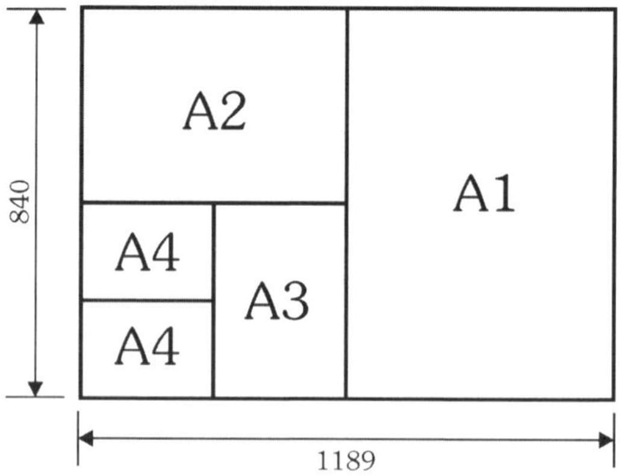

Figura 2.2 - Folha A0 e formatos derivados.

As folhas podem ser utilizadas na posição horizontal (paisagem) ou vertical (retrato), Figura 2.3.

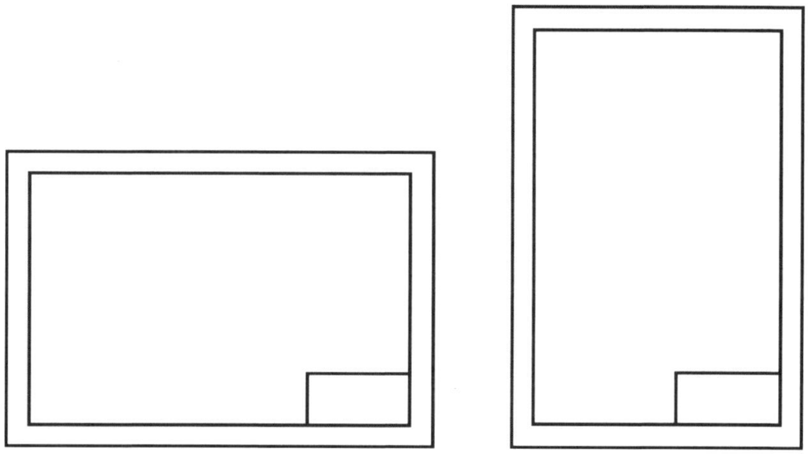

Figura 2.3 - Posições horizontal e vertical respectivamente.

2.2 Apresentação da Folha para Desenho

As folhas devem ter uma margem que é limitada pela sua borda externa. Além disso, a espessura da linha usada para desenhar a margem é normalizada. Acompanhe a Tabela 2.2.

Tabela 2.2 - Formatos e margens.

Formatos	Margem esquerda	Margem direita	Espessura de linha em milímetros
A0	25	10	1,4
A1	25	10	1,0
A2	25	7	0,7
A3	25	7	0,5
A4	25	7	0,5

A Figura 2.4 exibe um exemplo de margem para o formato A0.

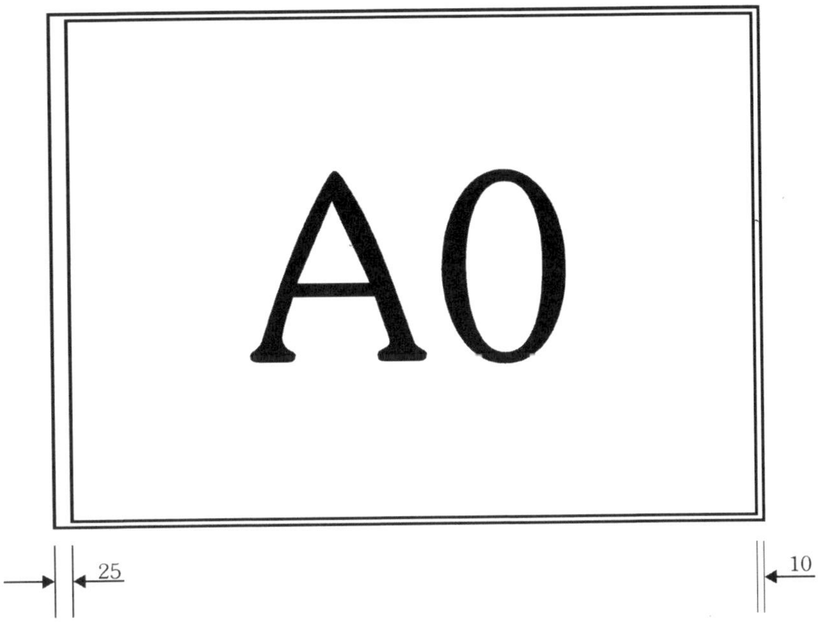

Figura 2.4 - Formato A0.

Além da margem, a folha pode possuir uma divisão por malhas, ou seja, a folha é dividida por regiões para facilitar a localização de partes do desenho, detalhes da peça. Essas zonas facilitam o preenchimento da tabela de modificações, pois permitem a rápida localização do que foi alterado.

A quantidade de divisões deve ser sempre par e pode variar conforme a complexidade do desenho. Veja a folha dividida na Figura 2.5.

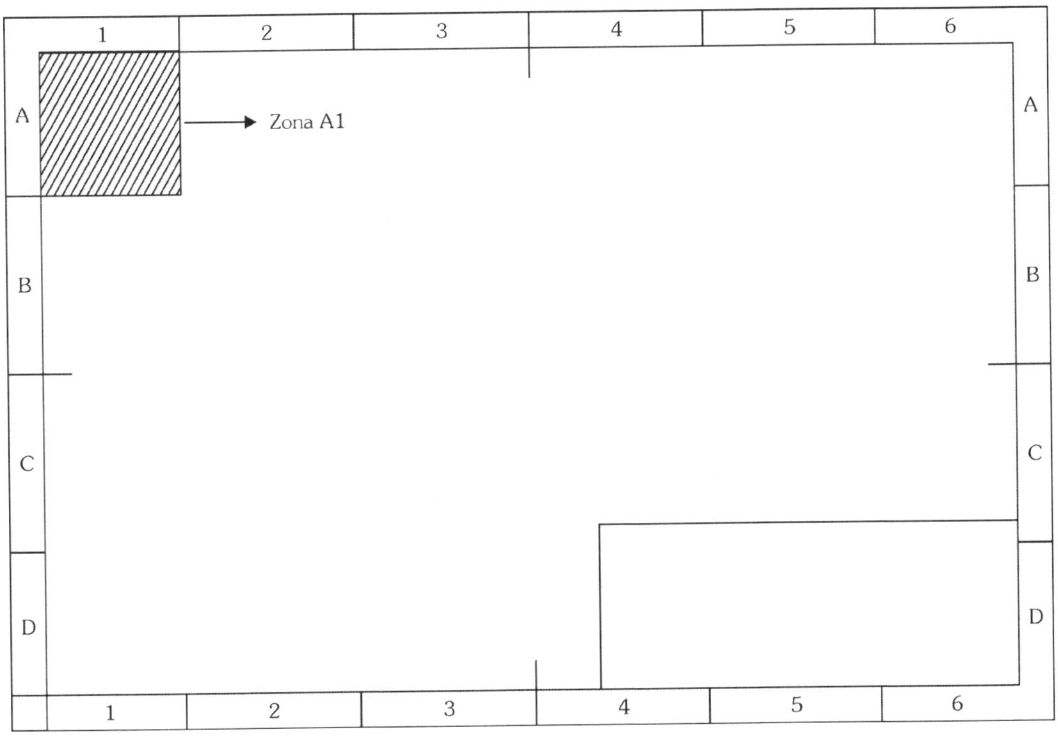

Figura 2.5 - Folha com divisões por zonas.

2.3 Legenda

A legenda identifica o desenho e deve ser traçada segundo a NBR 10068. Seu conteúdo deve seguir a NBR 10582.

2.3.1 Formas e Dimensões

Independente de a folha estar na posição vertical (retrato) ou horizontal (paisagem), a posição da legenda é sempre no canto inferior direito da folha.

O comprimento da legenda varia conforme o formato. Observe a Tabela a 2.3.

Tabela 2.3 - Formato x Comprimento da legenda.

Formato	Comprimento em milímetros
A0	175
A1	175
A2	178
A3	178
A4	178

2.3.2 Informações e Indicações Necessárias na Legenda

As informações presentes na legenda são o nome da empresa, nome do projetista/desenhista, data, assinatura, número do desenho, revisão, descrição, método de projeção, unidade de medida e escala utilizadas.

O número do desenho e sua revisão são posicionados na região inferior direita. Veja a seguir um exemplo de legenda não preenchida, Figura 2.6, e outro exemplo de legenda preenchida, Figura 2.7.

Dimensões em:	Criado por:	Data:	Escala:	Tamanho:
Projeção:	Conferido por:	Data:	Título do Desenho:	
	Aprovado por:	Data:	Material:	Quantidade:
Nome da Empresa:		Desenho nº:	Revisão:	Folha:

Figura 2.6 - Exemplo de legenda não preenchida.

Dimensões em: **Milímetros**	Criado por:	Data:	Escala: **1:1**	Tamanho: **A0**
Projeção: 	Conferido por:	Data:	Título do Desenho: **Mancal**	
	Aprovado por:	Data:	Material: **SAE 1020**	Quantidade: **1 peça**
Nome da Empresa: **ABC PROJETOS**		Desenho nº: **21223056**	Revisão: **01**	Folha: **1/1**

Figura 2.7 - Exemplo de legenda preenchida.

2.3.3 Tabela de Modificações ou Alterações no Desenho

A tabela de modificações registra as alterações/correções realizadas no desenho após sua primeira aprovação. Depois da primeira aprovação, qualquer alteração no desenho deve ser descrita e sua aprovação registrada nessa tabela de modificações.

Ela deve conter as seguintes informações: número ou letra da revisão (por exemplo, se a correção ocorreu após a revisão 00, então a revisão dessa correção é 01); em caso de letras, se a primeira for A, a próxima será a revisão B e assim por diante; referência (zona); motivo da revisão; assinatura do responsável pela revisão e data da sua realização.

Essa tabela pode estar localizada na região acima da legenda ou à esquerda da legenda.

As dimensões da tabela e um exemplo de preenchimento encontram-se na Figura 2.8. Neste exemplo, a peça localizada na zona A1 foi alterada para SAE 1020 na revisão 01. Já na revisão 02, após mais de um ano, a parte da peça localizada na zona C7 teve sua dimensão alterada, Figura 2.9.

02	C7	Diâmetro alterado de 10 para 12 mm.		05.08.10
01	A1	Material alterado de polipropeno para SAE 1020		01.02.09
Rev.	Ref.	Descrição	Aprov.	Data

Dimensões em: **Milímetros**	Criado por:	Data:	Escala: **1:1**	Tamanho: **A0**
Projeção:	Conferido por:	Data:	Título do Desenho: **Mancal**	
	Aprovado por:	Data:	Material: **SAE 1020**	Quantidade: **1 peça**
Nome da Empresa: **ABC PROJETOS**		Desenho nº: **21223056**	Revisão: **01**	Folha: **1/1**

Figura 2.8 - Exemplo de legenda x Tabela de revisões.

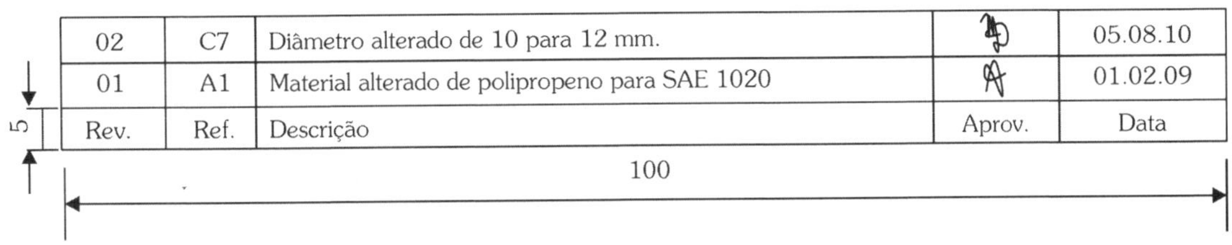

Figura 2.9 - Tabela de revisões.

2.4 Dobramento de Cópia

A NBR 13142 estabelece que os formatos A0, A1, A2 e A3 devem ser dobrados de forma que, ao final, o papel dobrado tenha o tamanho do formato A4 e que a legenda permaneça visível.

O dobramento deve partir do lado direito e se os formatos A0, A1, A2 e A3 precisarem ser perfurados para que sejam arquivados, a lateral esquerda superior deve ser dobrada para trás conforme indicado no desenho. Desta forma, essa parte não será desnecessariamente perfurada.

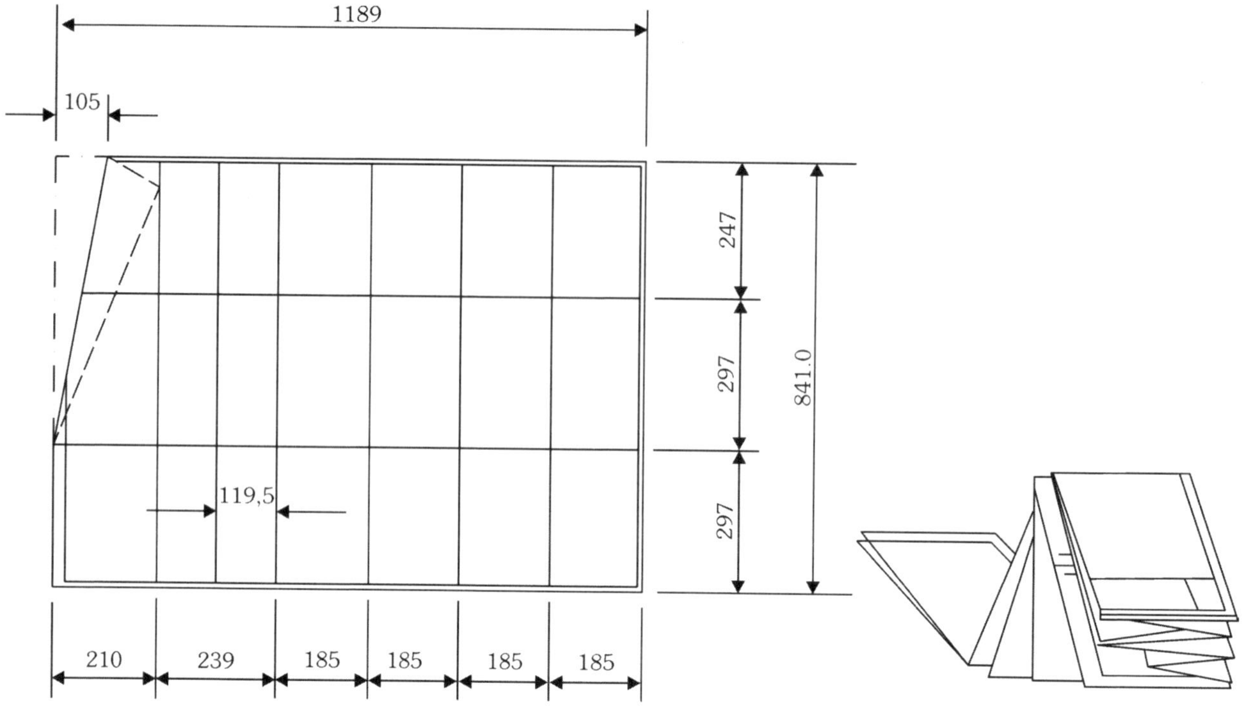

Figura 2.10 - Dobramento da folha A0.

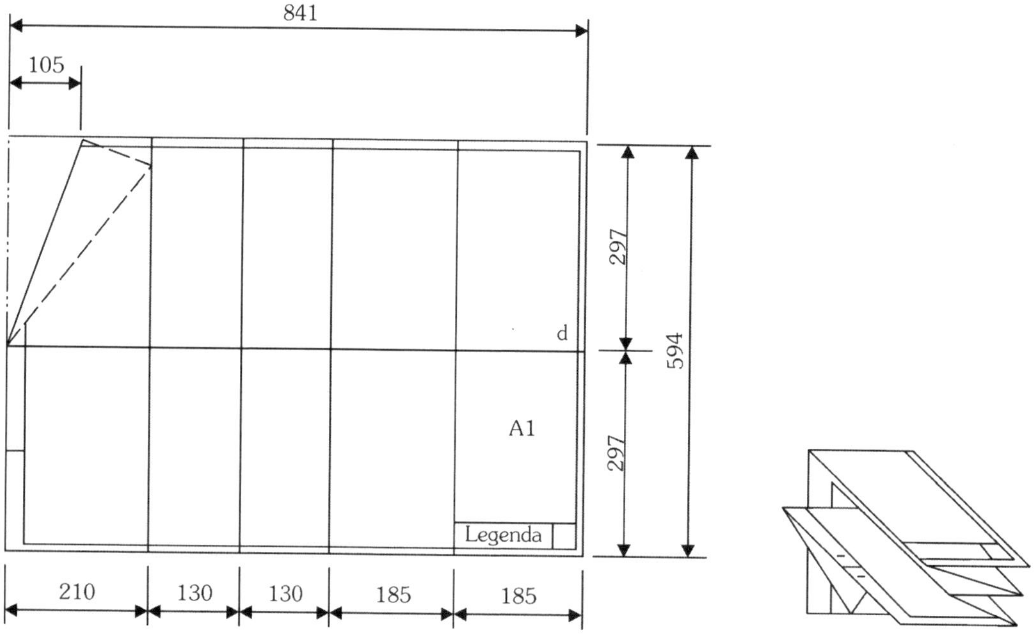

Figura 2.11 - Dobramento da folha A1.

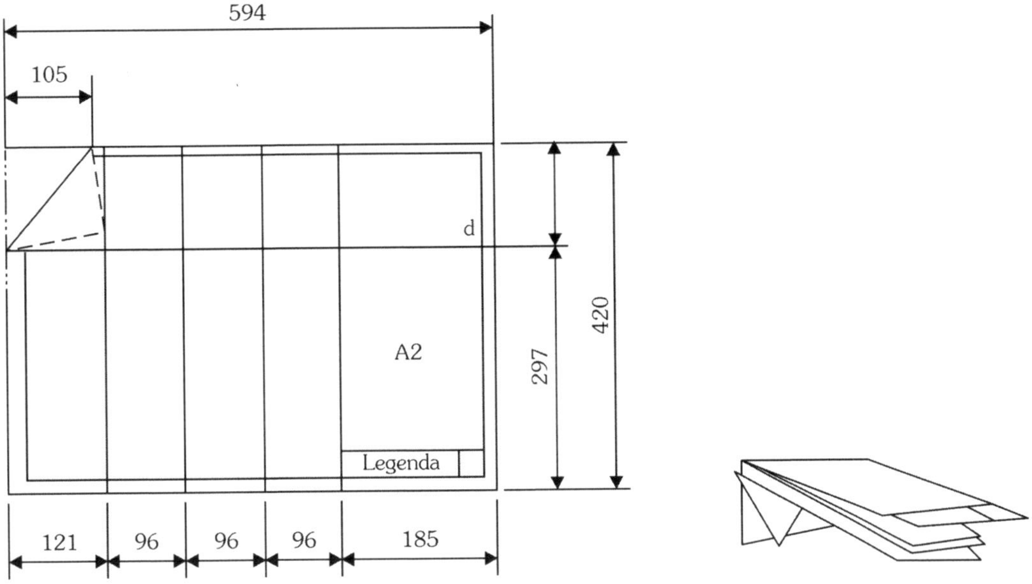

Figura 2.12 - Dobramento da folha A2.

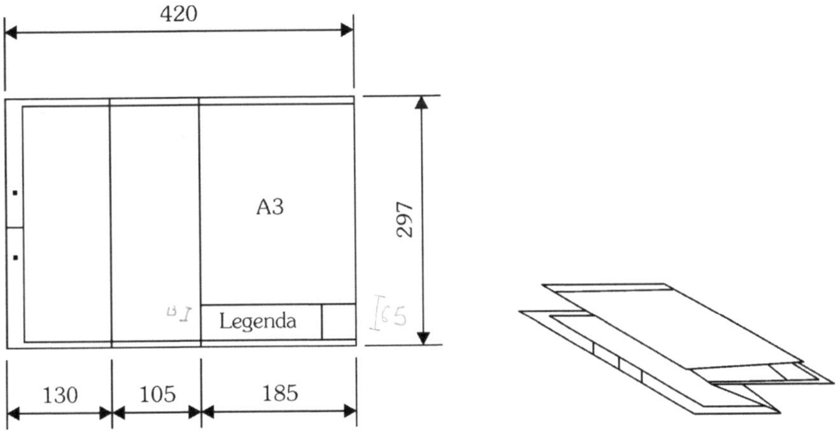

Figura 2.13 - Dobramento da folha A3.

Exercícios

1. Quais formatos são utilizados e padronizados pela ABNT?

2. O formato a seguir é o A0 com divisões referentes aos outros formatos.

Escreva em cada espaço o formato correspondente.

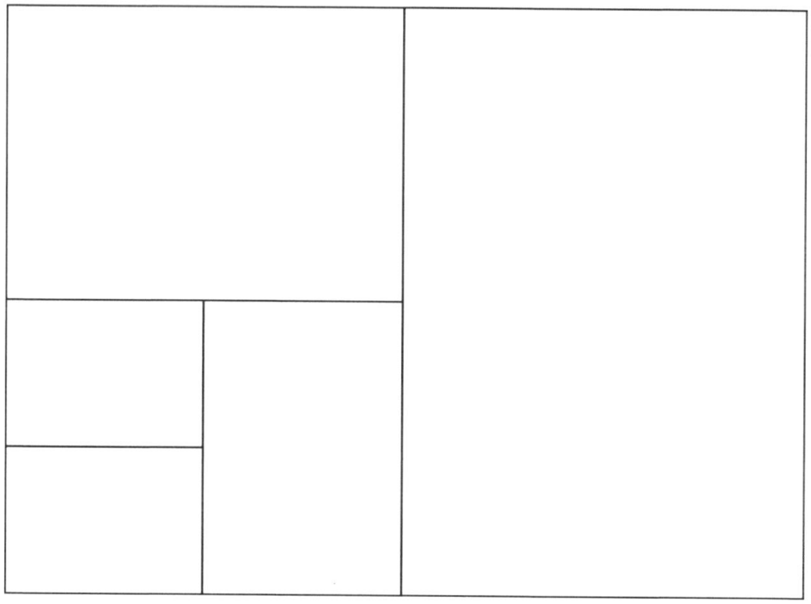

3. O objeto presente na folha a seguir está localizado em qual zona?

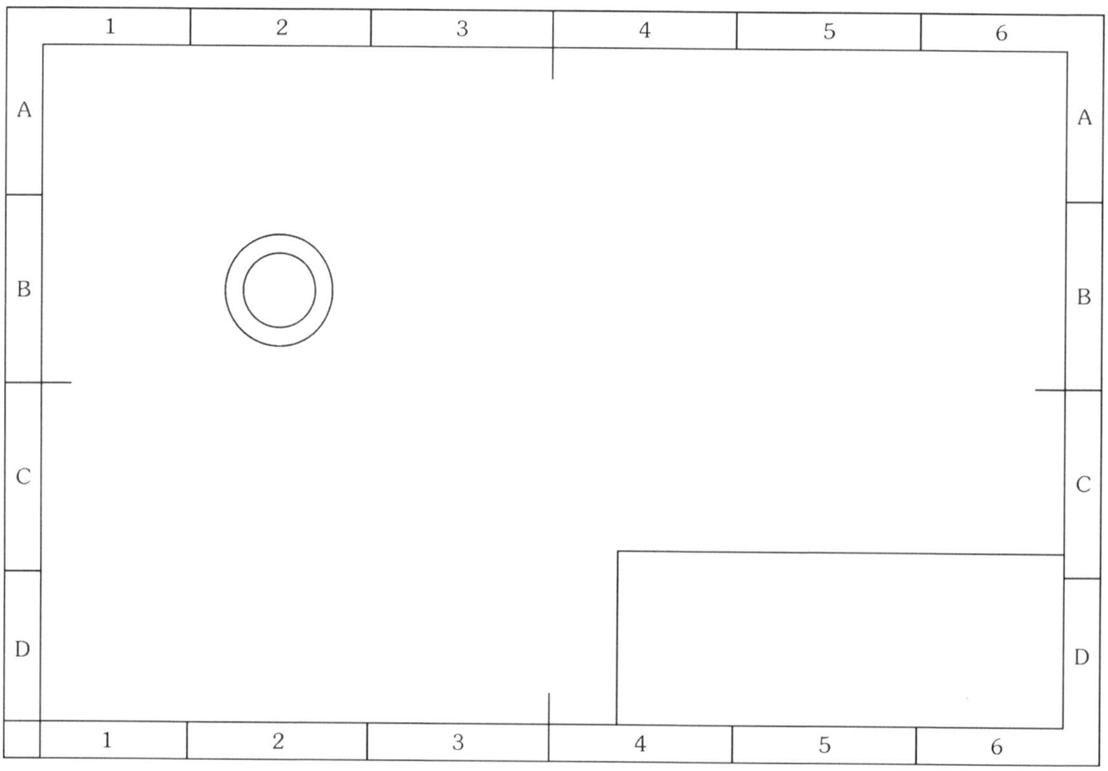

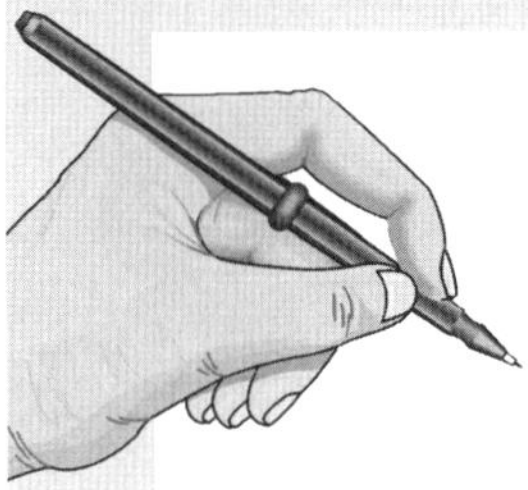

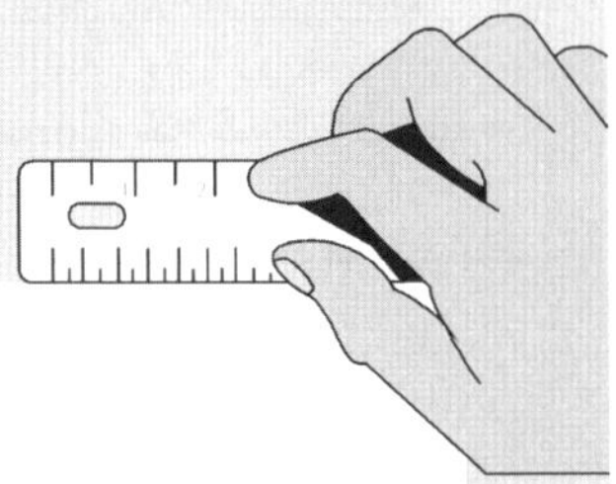

capítulo

3

Tipos de Linhas e Caligrafia Técnica

3.1 Linhas

A correta utilização de linhas em desenhos técnicos é de fundamental importância. Cada tipo de linha possui uma intenção de representação que é normalizada pela NBR 8403.

3.1.1 Tipos de Linhas, Denominação e Aplicação

Os tipos de linhas, sua denominação e uso estão descritos na Tabela 3.1.

Tabela 3.1 - Tipos de linhas - referência NBR 8403.

Linha	Denominação	Aplicação
	Contínua larga	Contornos visíveis Arestas visíveis
	Contínua estreita	Linhas de interseção imaginárias Linhas de cotas Linhas auxiliares Linhas de chamadas Hachuras Contornos de seções rebatidas na própria vista Linhas de centros curtas
	Contínua estreita a mão livre	Limites de vistas ou cortes parciais ou interrompidas se o limite não coincidir com linhas, traço e ponto
	Contínua estreita em zigue-zague	Essa linha destina-se a desenhos confeccionados por máquinas
	Tracejada larga	Contornos não visíveis Arestas não visíveis
	Tracejada estreita	Contornos não visíveis Arestas não visíveis

Linha	Denominação	Aplicação
	Traço e ponto estreita	Linhas de centro Linhas de simetria Trajetórias
	Traço e ponto estreita, larga nas extremidades e na mudança de direção	Planos de corte
	Traço e ponto larga	Indicação das linhas ou superfícies com indicação especial
	Traço dois pontos estreita	Contornos de peças adjacentes Posição limite de peças móveis Linhas de centro de gravidade Cantos antes da conformação Detalhes situados antes do plano de corte

Caso existam duas alternativas possíveis de uso de linhas em um mesmo desenho, deve-se aplicar somente uma opção no mesmo desenho.

3.1.2 Denominação CAD (Linetype)

Tabela 3.2 - Denominação NBR x CAD.

Linha	Denominação NBR 8403	Denominação CAD
	Contínua larga	Continuous
	Contínua estreita	Continuous
	Contínua estreita a mão livre	Não existente
	Contínua estreita em zigue-zague	Zig zag
	Tracejada larga	Hidden (2x)
	Tracejada estreita	Hidden
	Traço e ponto estreita	Center (2x)
	Traço e ponto estreita, larga nas extremidades e na mudança de direção	Não existente
	Traço e ponto largo	Dash dot
	Traço dois pontos estreita	Phanton

3.1.3 Aplicação

No caso de ocorrerem coincidências de diferentes tipos de linhas, a NBR 8403:1984 estabelece a ordem de prioridade delas. Deve-se dar prioridade às arestas e contornos visíveis, em seguida as não visíveis, cortes, linhas de centro e por fim linhas de cota.

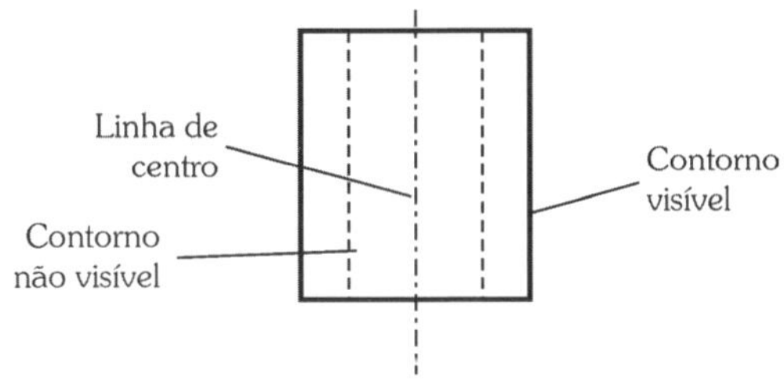

Figura 3.1 - Exemplo de utilização dos tipos de linha.

3.2 Caligrafia Técnica

Os desenhos técnicos necessitam de informações escritas, além dos desenhos. O tipo de escrita é chamado caligrafia técnica, normalizada pela NBR 8402:1994.

Para os desenhos técnicos a caligrafia deve ser legível, uniforme e adequada a processos de reprodução, por isso existem regras de espaçamento, forma, inclinação e altura.

3.2.1 Escrita Manual

Para a escrita manual as proporções devem seguir a tabela seguinte, conforme a NBR 8402:1994. Pode ser vertical ou inclinada para a direita com um ângulo de 15°.

As alturas das letras maiúsculas e minúsculas não devem ser menores do que 2,5 mm. No caso de combinação de maiúsculas e minúsculas a altura não deve ser menor que 3,5 mm.

Tabela 3.3 - Dimensões de texto.

Características		Relação	Dimensões (mm)						
Altura das letras maiúsculas	h	(10/10) h	2,5	3,5	5	7	10	14	20
Altura das letras minúsculas	c	(7/10) h	---	2,5	3,5	5	7	10	14
Distância mínima entre caracteres	a	(2/10) h	0,5	0,7	1	1,4	2	2,8	4
Distância mínima entre as linhas de base	b	(14/10) h	3,5	5	7	10	14	20	28
Distância mínima entre as palavras	e	(6/10) h	1,5	2,1	3	4,2	6	8,4	12
Largura da linha	d	(1/10) h	0,25	0,35	0,5	0,7	1	1,4	2

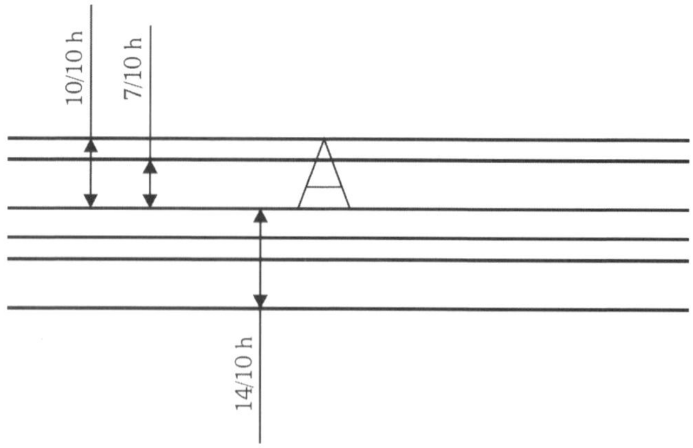

Figura 3.2 - Exemplo de escrita conforme tabela.

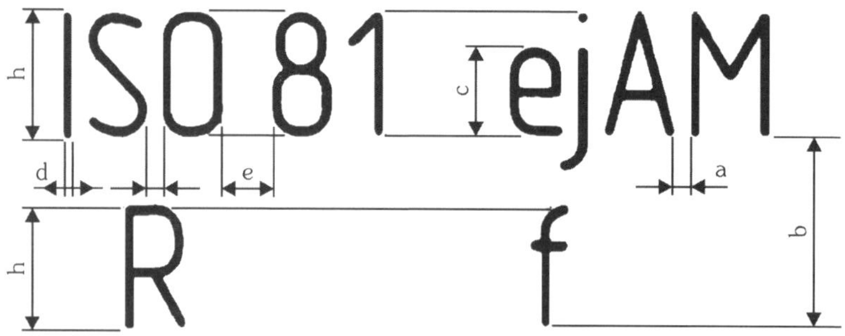

Figura 3.3 - Relações entre as dimensões.

Exemplos de escritas na vertical:

Figura 3.4a - Escritas na vertical - continua.

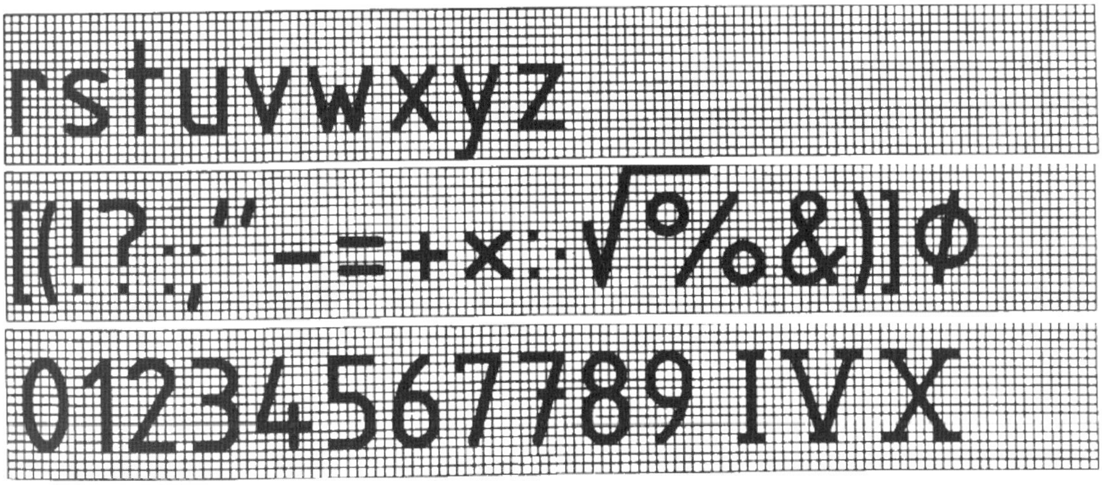

Figura 3.4b - Escritas na vertical - continuação.

Exemplos de escritas inclinadas:

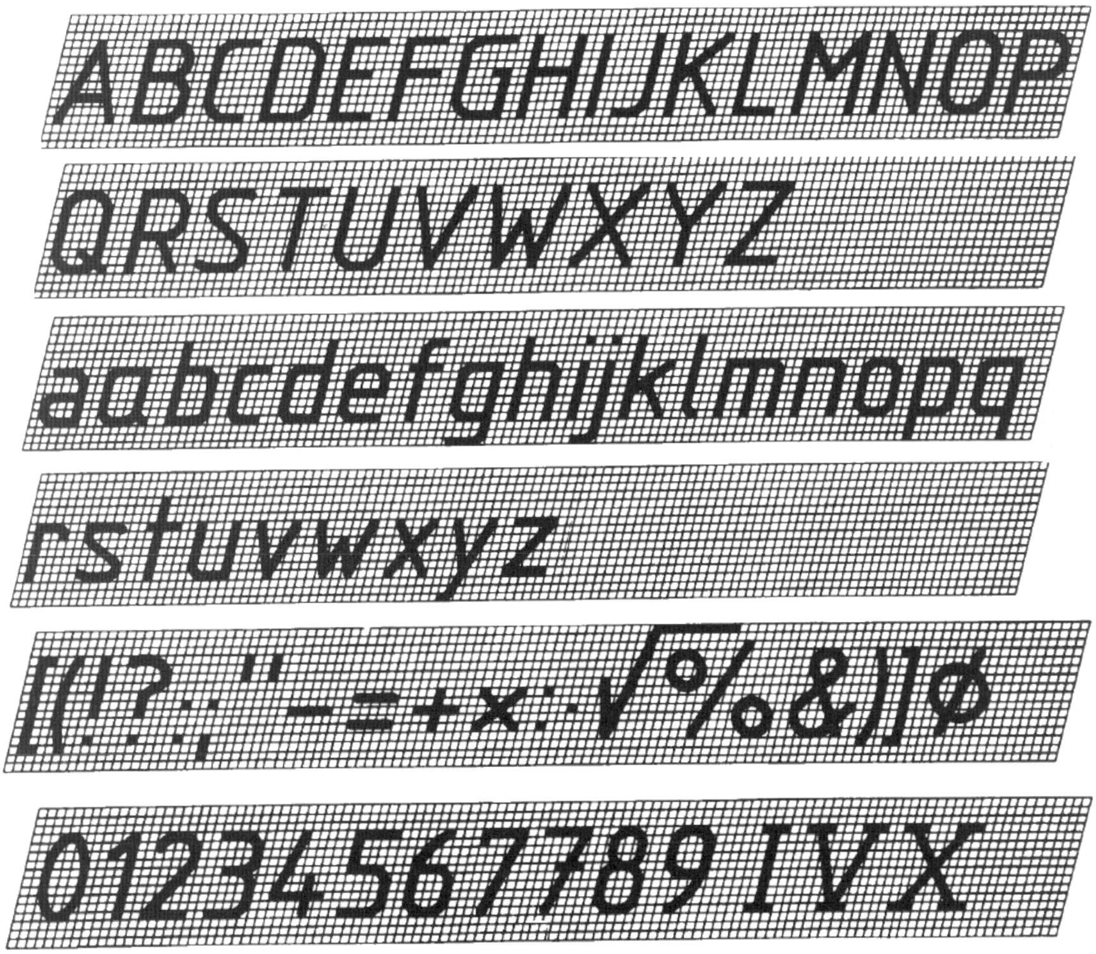

Figura 3.5 - Escritas inclinadas.

Exemplos de escritas no AutoCAD; geralmente a fonte utilizada é Simplex:

A B C D E F G H I J K
L M N O P Q R S T U V
W X Y Z

a b c d e f g h i j k l
m n o p q r s t u v w
x y z

1 2 3 4 5 6 7 8 9 0

Figura 3.6 - Exemplo de texto feito no AutoCAD 2011.

Exercícios

1. Reproduza a escrita em letras maiúsculas nas linhas a seguir:

A B C D E F G H I J K L M N O
P Q R S T U V W X Y Z

2. Reproduza a escrita em letras minúsculas nas linhas a seguir:

a b c d e f g h i j k l m n o p
q r s t u v w x y z

3. Reproduza a escrita inclinada nas linhas a seguir:

A B C D E F G H I J K L M N O
P Q R S T U V W X Y Z
a b c d e f g h i j k l m n o p
q r s t u v w x y z

Anotações

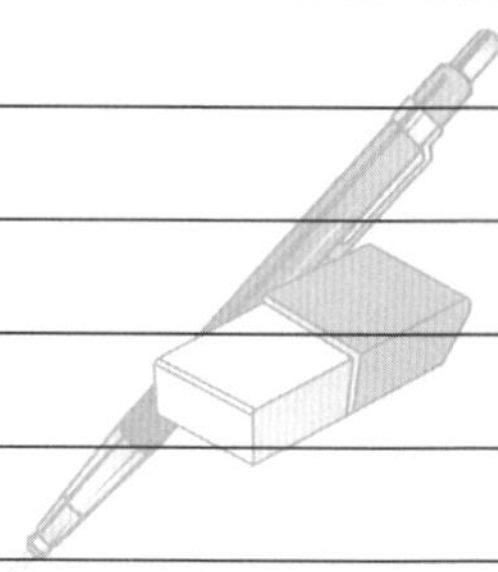

capítulo

4

Desenhos e Construções Geométricas

4.1 Desenho Geométrico

Para criar desenhos utilizam-se elementos geométricos como pontos, linhas, planos, curvas etc. juntamente com a concordância entre eles, como tangência, perpendicularidade etc.

Veja exemplos a da Figura 4.1.

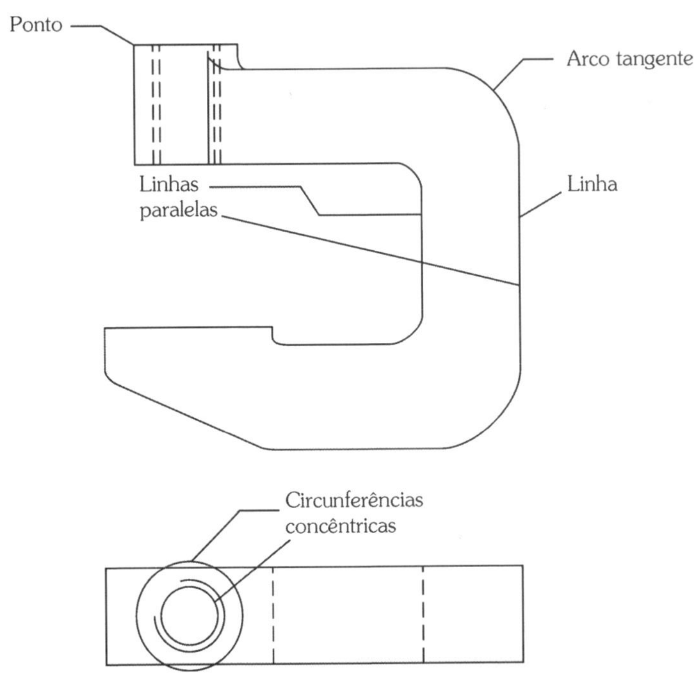

Figura 4.1 - Exemplo de uso de concordância.

Este capítulo trata das construções das geometrias básicas e formas de concordância.

Para o traçado dos arcos, circunferências e marcação de pontos pode-se utilizar o compasso.

4.1.1 Construções Fundamentais

4.1.1.1 Segmentos

Um segmento de reta é a parte de uma reta compreendida entre dois pontos colineares. No exemplo seguinte o segmento está compreendido entre os pontos A e B.

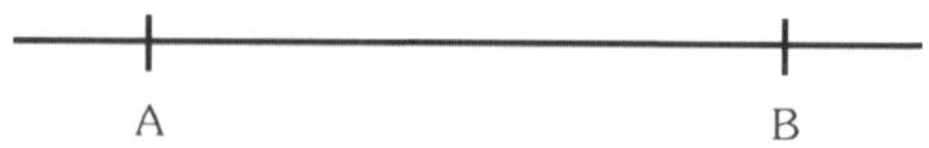

Figura 4.2 - Segmento de reta AB.

4.1.1.2 Paralelas

São paralelas as retas pertencentes a um mesmo plano e que nunca se cruzam.

Para traçar retas paralelas, acompanhe os seguintes passos:

a. Dada uma reta r e um ponto P distante, Figura 4.3:

Figura 4.3 - Reta r e ponto P.

Utilizando um compasso, traçar um arco com centro em P e na intersecção com a reta r marcar o ponto Q.

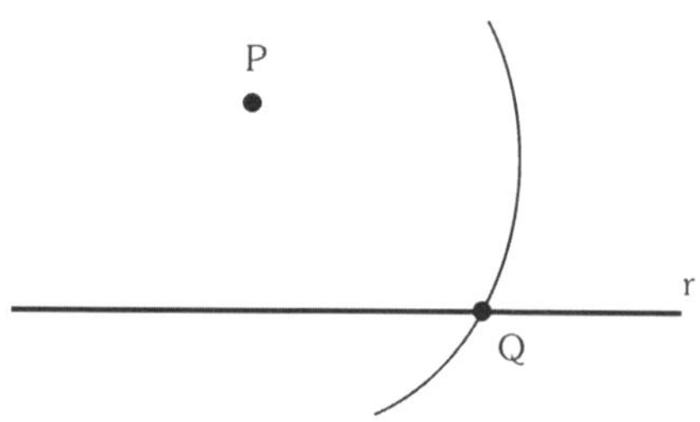

Figura 4.4 - Arco com centro em P.

Traçar um arco com centro em Q e raio PQ, marcar na intersecção com a reta r o ponto A.

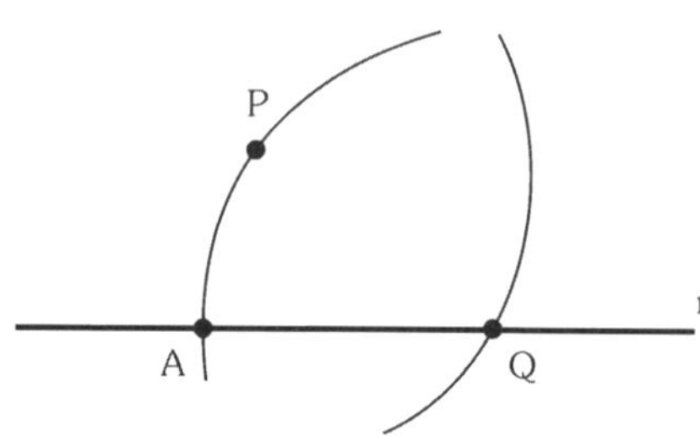

Figura 4.5 - Obtenção do ponto A.

Traçar um arco de centro em A e raio AP.

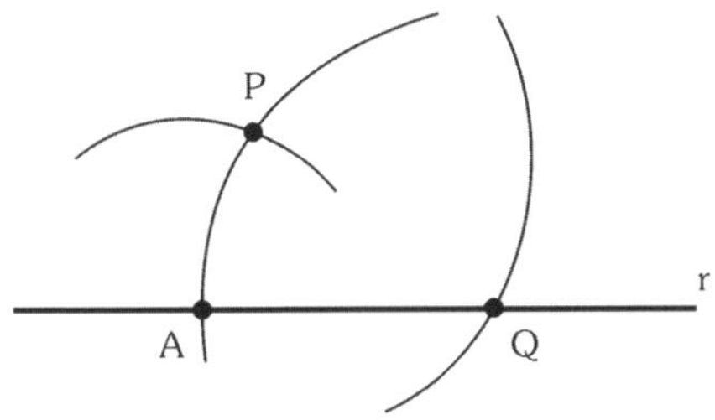

Figura 4.6 - Arco com centro em A.

Usando o compasso, transportar esse arco para o ponto Q e marcar o ponto B.

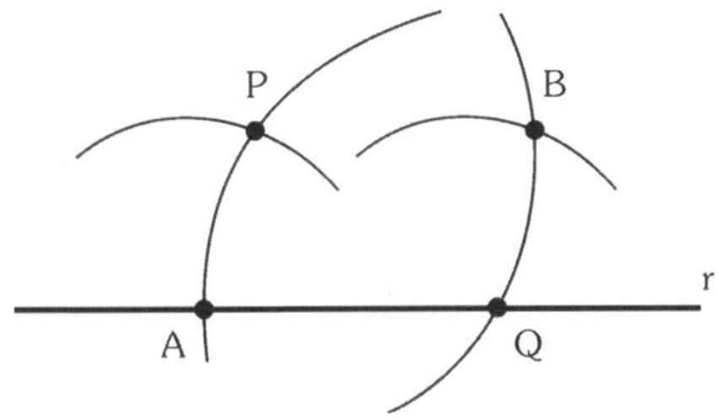

Figura 4.7 - Transporte do arco para o ponto Q.

Traçar uma reta passando pelos pontos P e B, que é a reta paralela.

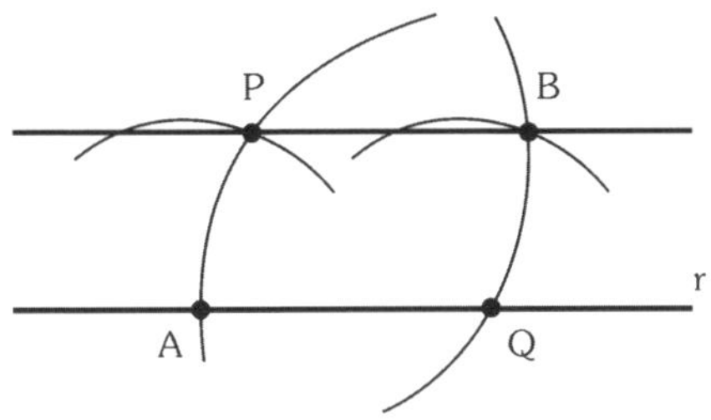

Figura 4.8 - Reta paralela.

b. Retas paralelas a uma distância conhecida:

Dadas uma reta r e uma distância CD conhecida, marcar na reta r dois pontos A e B quaisquer:

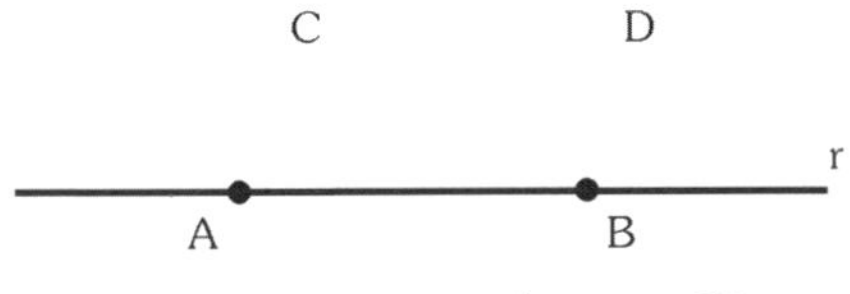

Figura 4.9 - Reta r e distância CD.

Traçar um arco de centro A e raio CD. Repetir o mesmo arco com centro no ponto B.

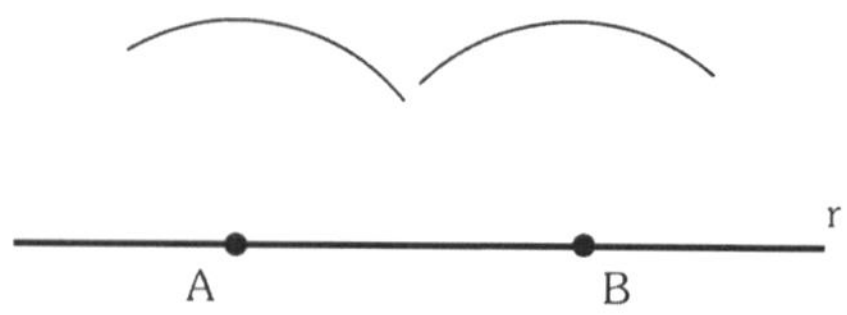

Figura 4.10 - Traçado dos arcos.

Traçar uma linha perpendicular aos pontos A e B. Pode-se utilizar o esquadro para isso. Na intersecção das retas com os arcos marcar os pontos E e F.

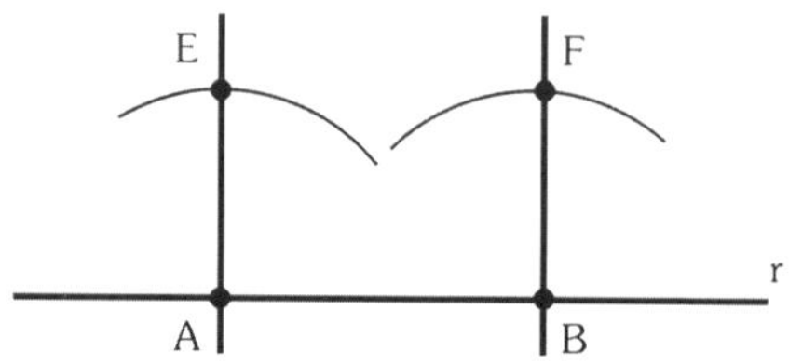

Figura 4.11 - Obtenção dos pontos E e F.

Traçar uma reta passando pelos pontos E e F, que é a reta paralela.

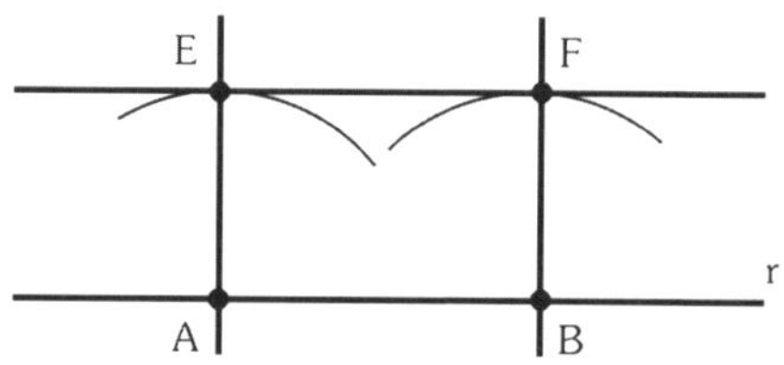

Figura 4.12 - Obtenção da reta paralela.

4.1.1.3 Perpendiculares

Duas retas são perpendiculares quando o ângulo entre elas é de 90°.

a. Perpendicular a uma reta:

Dados uma reta r e um ponto P distante,

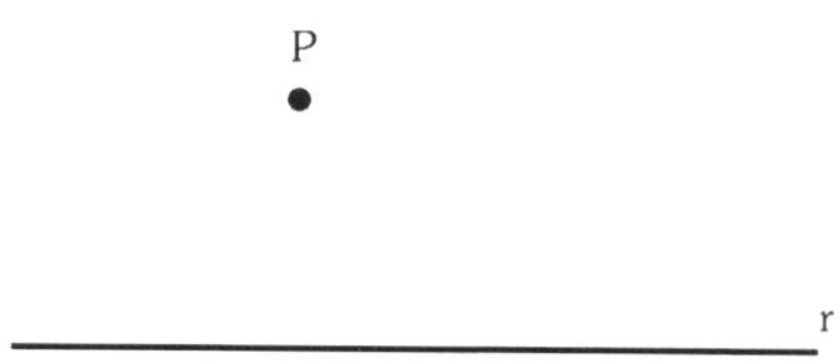

Figura 4.13 - Reta r e ponto P.

utilizando um compasso, determinar os pontos A e B, colocando a ponta seca do compasso sobre o ponto P e de raio maior que a distância à reta.

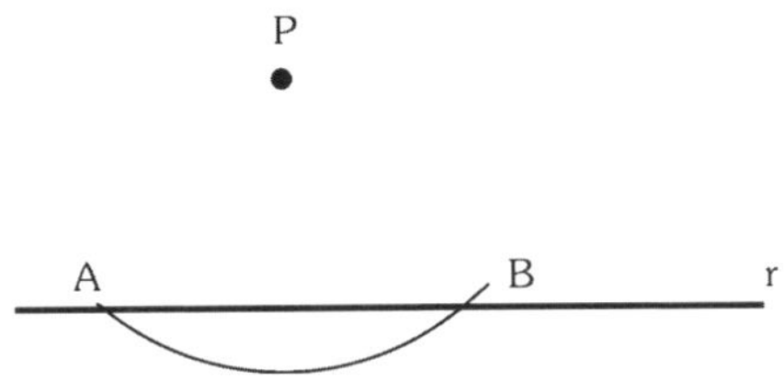

Figura 4.14 - Obtenção dos pontos A e B.

Traçar um arco com centro no ponto A e outro com centro no ponto B.

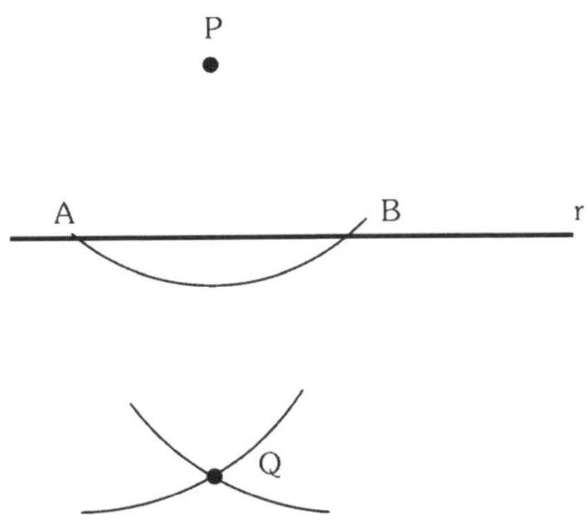

Figura 4.15 - Obtenção do ponto Q.

Marcar um ponto Q na intersecção dos dois arcos, em seguida traçar uma reta passando pelos pontos P e Q, a qual é perpendicular à reta r.

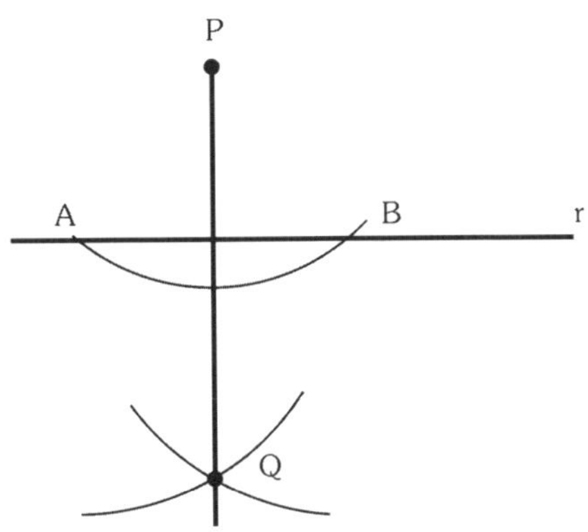

Figura 4.16 - Obtenção da reta perpendicular.

b. Perpendicular a um ponto:

Dados uma reta r e um ponto P pertencente à reta,

Figura 4.17 - Reta r e ponto P.

utilizando um compasso, determinar os pontos A e B traçando um arco de centro P e de qualquer abertura:

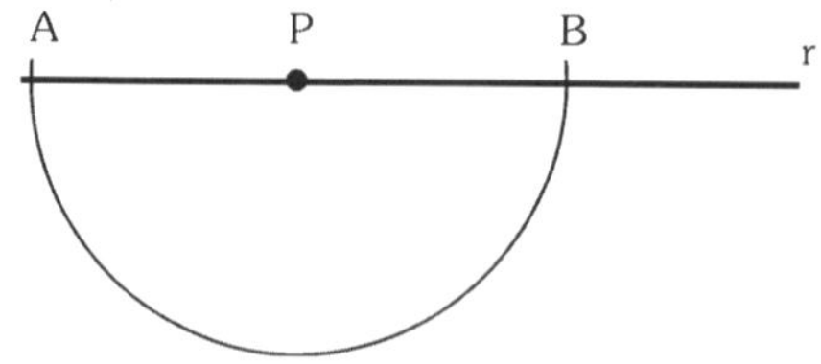

Figura 4.18 - Determinação dos pontos A e B.

Traçar um arco com centro no ponto A e outro com centro no ponto B de forma que se cruzem com o primeiro arco.

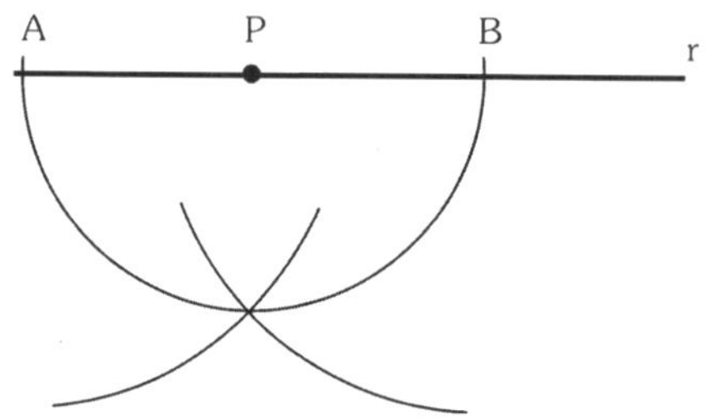

Figura 4.19 - Traçado dos arcos.

Marcar o ponto Q na intersecção dos três arcos, em seguida traçar uma reta passando pelos pontos P e Q, a qual é perpendicular à reta r.

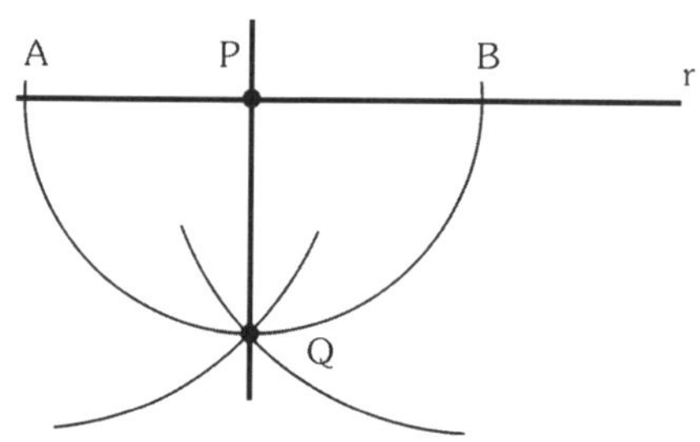

Figura 4.20 - Obtenção da reta perpendicular.

4.1.1.4 Divisão de Segmentos

Neste item será estudado como dividir segmentos.

Dada uma reta r, traçar um arco com centro em A e de raio maior que a metade da reta. Repetir o procedimento para o ponto B mantendo o mesmo raio.

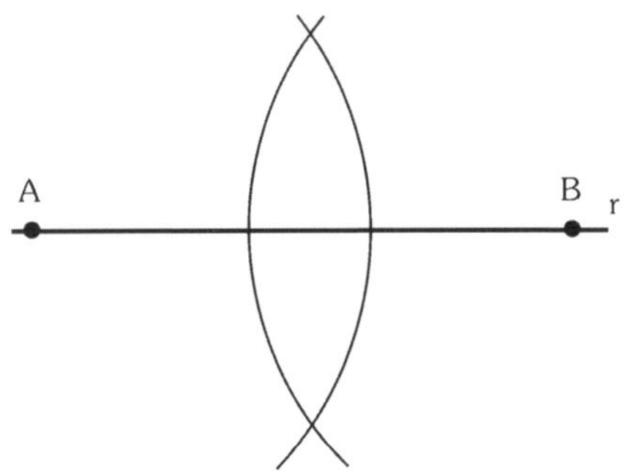

Figura 4.21 - Obtenção dos arcos.

Conectar as intersecções com uma reta. Esse ponto divide a reta em duas partes iguais:

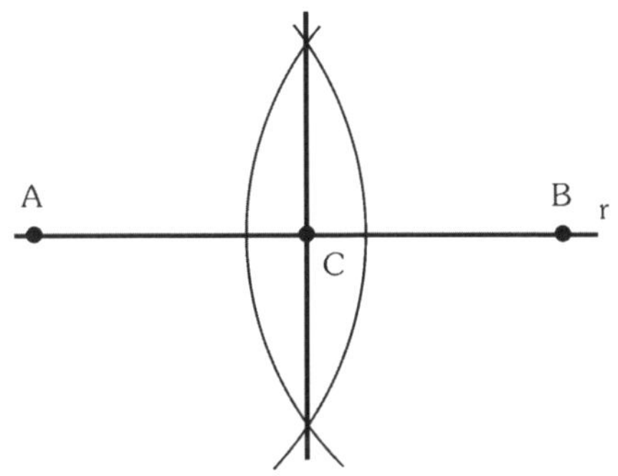

Figura 4.22 - Reta dividida em duas partes iguais.

Para dividir em mais partes iguais, repetir o processo para o segmento AC e CB e assim por diante.

4.1.1.5 Bissetriz

Uma bissetriz divide um determinado ângulo em duas partes iguais.

Dado um ângulo qualquer, Figura 4.23.

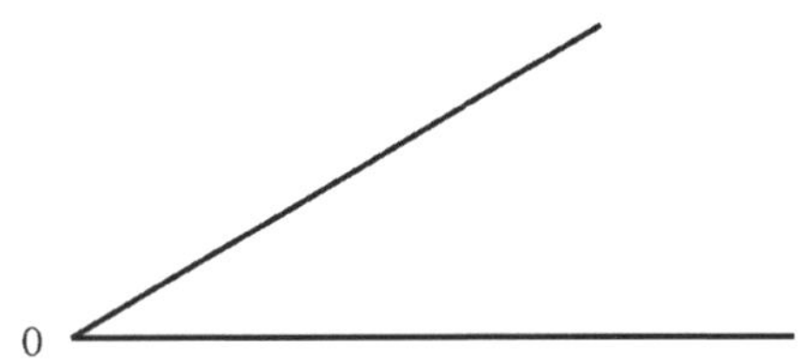

Figura 4.23 - Ângulo qualquer.

Traçar um arco de centro O para determinar os pontos A e B.

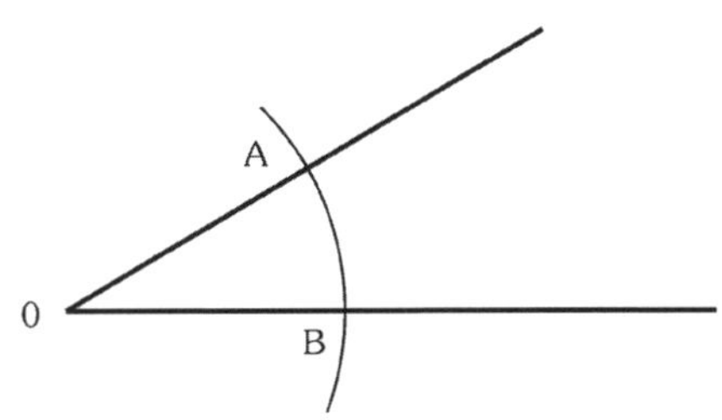

Figura 4.24 - Arco OAB.

Traçar um arco com centro em A e outro com centro em B.

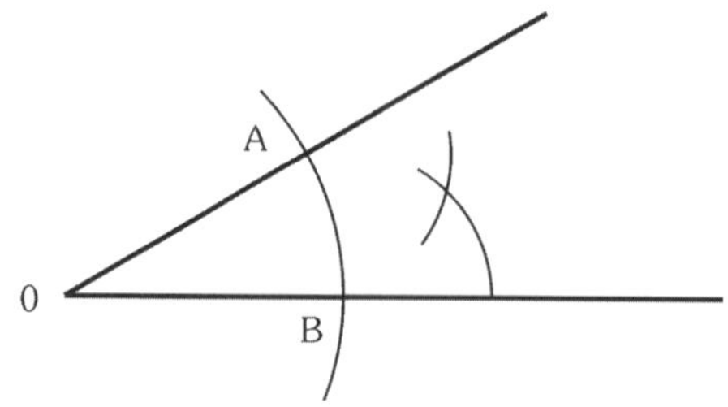

Figura 4.25 - Traçado de arcos.

Marcar um ponto P na intersecção:

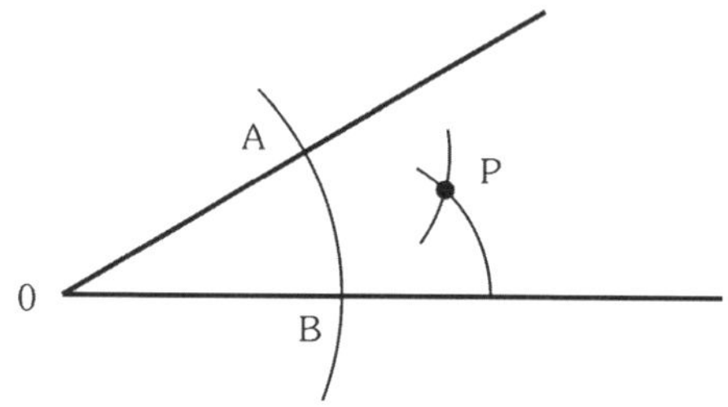

Figura 4.26 - Obtenção do ponto P.

Traçar uma reta passando pelos pontos O e P. Esta é a bissetriz do ângulo.

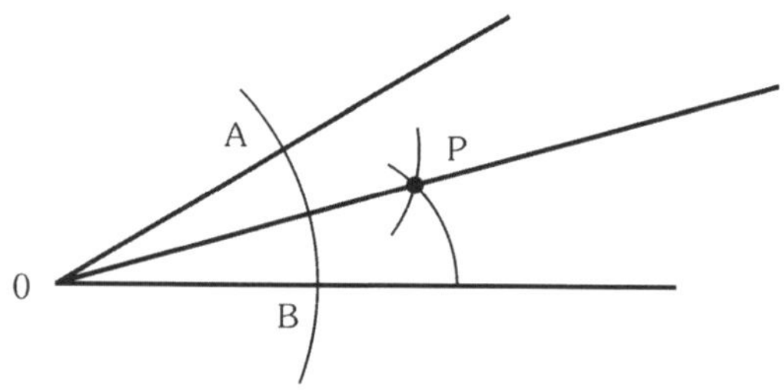

Figura 4.27 - Obtenção da bissetriz.

4.1.1.6 Divisão de Segmento de Reta em Várias Partes

Dividir o seguimento AB em qualquer número de partes iguais. No exemplo da Figura 4.28, 6 partes.

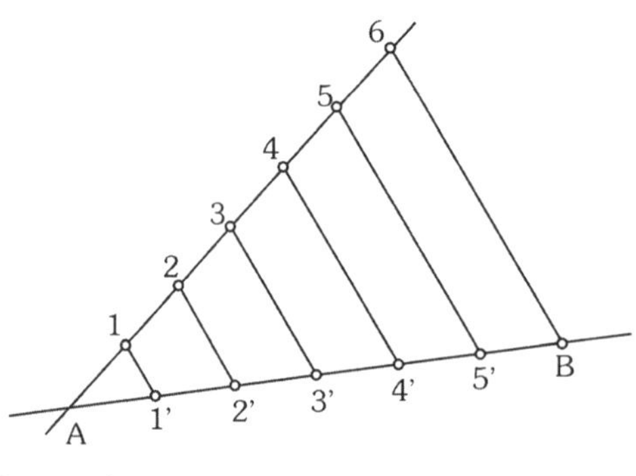

Figura 4.28 - Divisão de segmento AB em qualquer número de partes iguais.

4.1.1.7 Concordâncias

Concordância é a ligação entre geometrias.

Este item mostra como realizar as concordâncias básicas entre as geometrias.

a. Concordância entre duas retas e um arco:

Dadas duas retas quaisquer, Figura 4.29.

Figura 4.29 - Duas retas quaisquer.

Traçar uma reta paralela a cada reta a uma distância d.

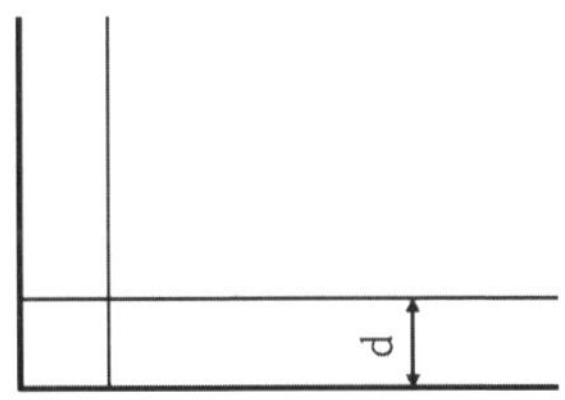

Figura 4.30 - Retas paralelas a uma distância D.

A intersecção entre as retas origina o ponto P:

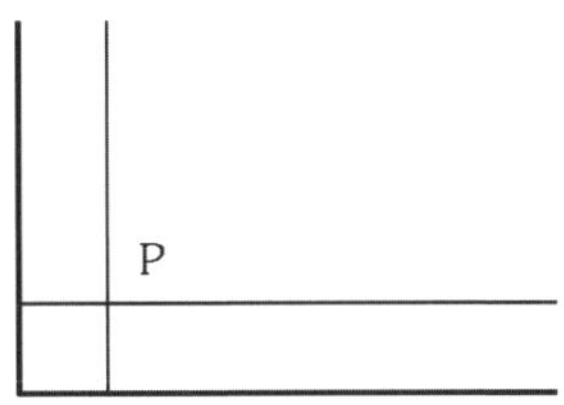

Figura 4.31 - Obtenção do ponto P.

Traçar um arco com centro em P e raio d. Neste momento obtém-se a concordância entre um arco e duas retas:

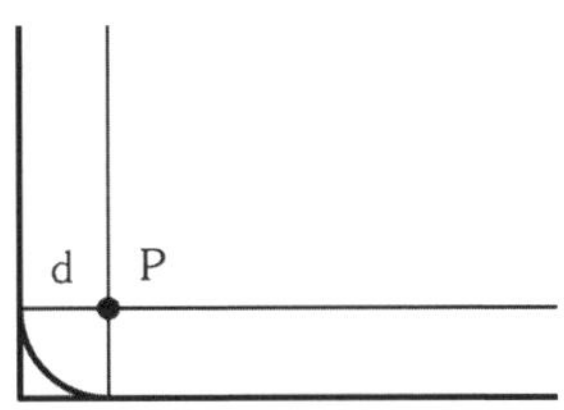

Figura 4.32 - Obtenção do arco com centro em P.

No AutoCAD isso é facilmente realizado pelo comando Fillet.

b. Concordância entre circunferências:

Dadas duas circunferências de mesmo raio R e um arco de raio R1.

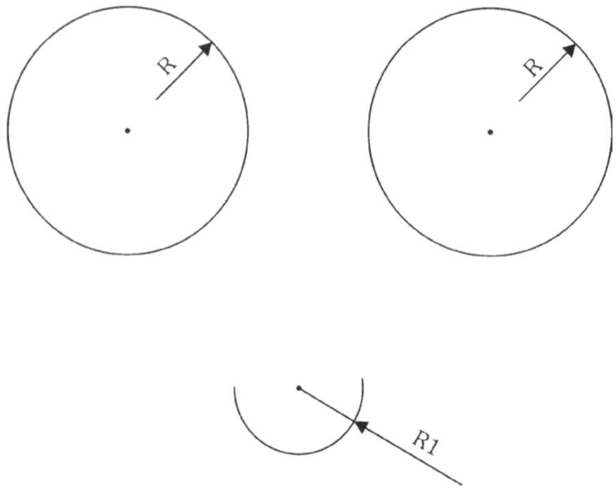

Figura 4.33 - Duas circunferências e um arco.

Traçar arcos de raio R+R1 com centos P e Q de modo que se cruzem, gerando o ponto R.

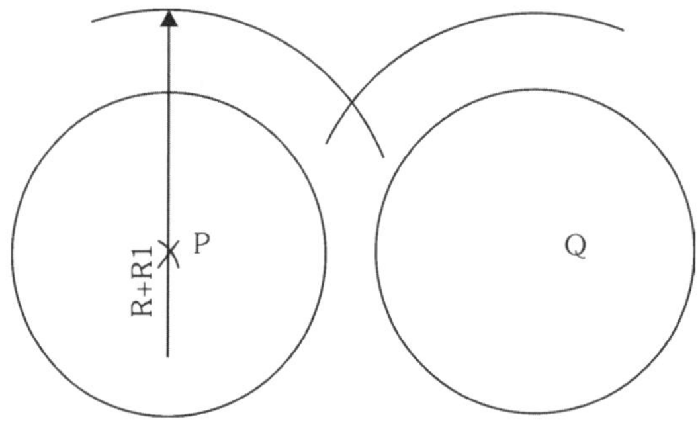

Figura 4.34 - Traçado de arcos.

Traçar semirretas passando pelos pontos P e R, gerando o ponto A, e outra pelos pontos Q e R gerando o ponto B.

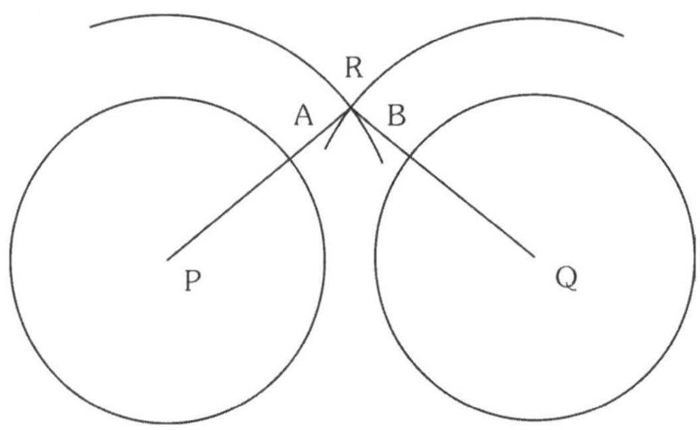

Figura 4.35 - Traçado de semirretas.

Finalmente, traçar o arco de raio R1 e centro R terminando nos pontos A e B. O resultado é a concordância entre as circunferências.

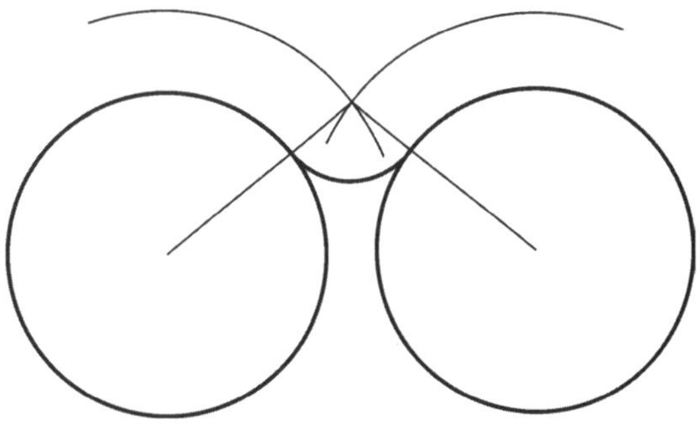

Figura 4.36 - Resultado da concordância.

c. Concordância de retas:

Concordar as retas t e s convergentes no Ponto A com um arco de circunferência de raio r.

Concordar a reta t e o arco de curcunferência de centro O, com um outro aro de circunferência de raio r.

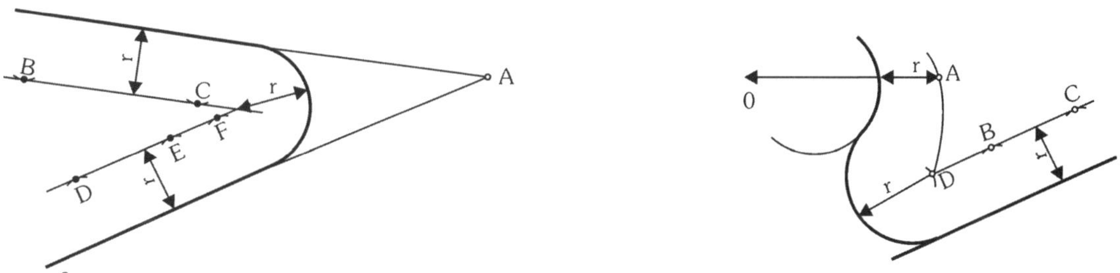

Figura 4.37 - Concordância de retas.

4.1.2 Construções Geométricas

4.1.2.1 Figuras Regulares

São estudados neste item triângulos, quadrados, polígonos e circunferência.

Definições

a. Triângulos: são polígonos de três lados e podem ser classificados quanto aos lados e quanto aos ângulos.

- Quanto aos lados o triângulo regular é chamado **equilátero**.

  Triângulo equilátero: possui os três lados iguais e todos os ângulos são de 60°.

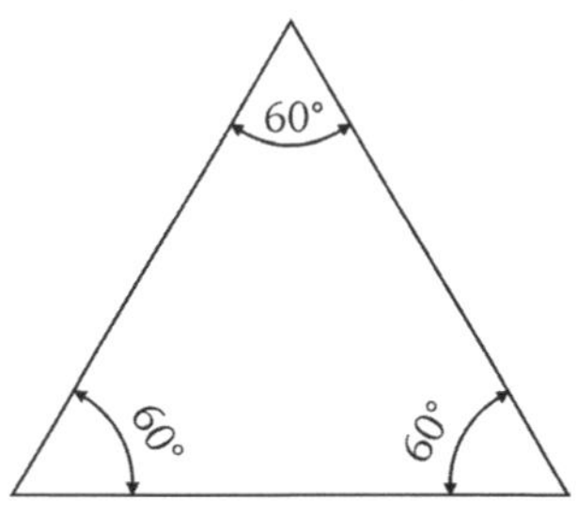

Figura 4.38 - Triângulo equilátero.

- Quanto aos ângulos o triângulo regular é classificado como **retângulo**.

  Triângulo retângulo: possui um ângulo reto, ou seja, de 90°.

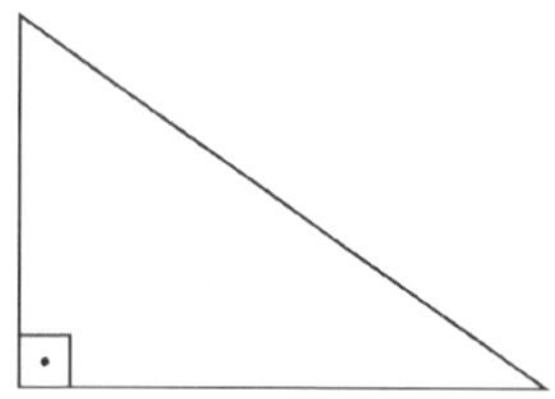

Figura 4.39 - Triângulo retângulo.

b. Quadriláteros: são polígonos de quatro lados, sendo o quadrado um paralelogramo que possui os quatro lados iguais e os quatro ângulos retos de 90°.

Figura 4.40 - Exemplo de quadrilátero.

c. Circunferência: é um conjunto de pontos que fazem parte de um mesmo plano e possuem a mesma distância de um ponto de referência que é definido como centro.

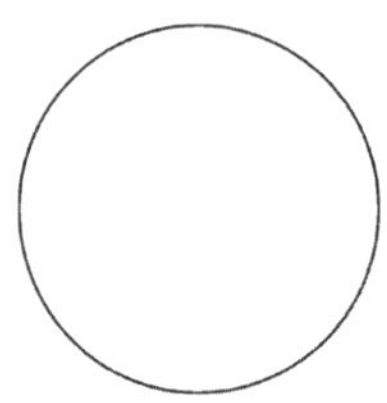

Figura 4.41 - Exemplo de circunferência.

Construções

Este item ensina a traçar as construções básicas.

a. Construção de triângulo equilátero:

Traçar uma reta AB, marcando os dois pontos A e B.

Figura 4.42 - Reta AB.

Traçar um arco com centro em A e distância AB.

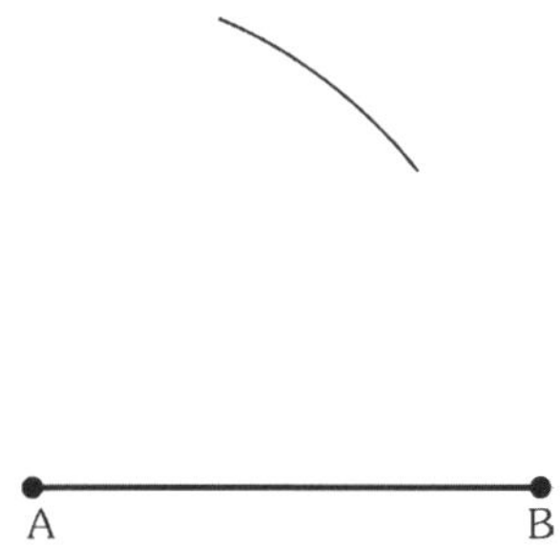

Figura 4.43 - Arco de centro A.

Traçar outro arco com centro em B e distância AB, de forma a interceptar o arco criado anteriormente gerando um ponto C.

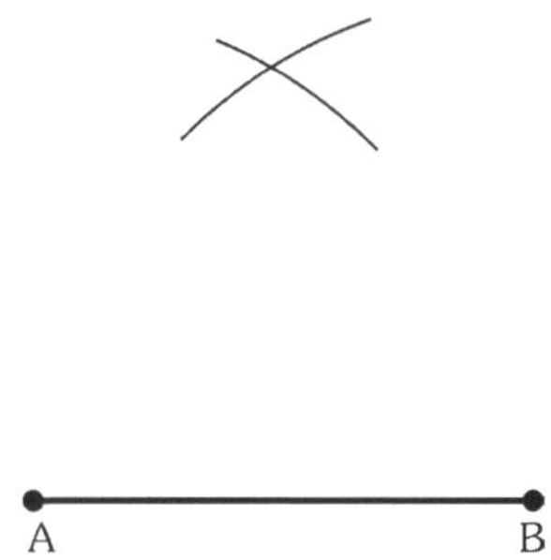

Figura 4.44 - Arco de centro B.

Ligar os pontos AC e CB.

A união desses pontos forma o triângulo equilátero.

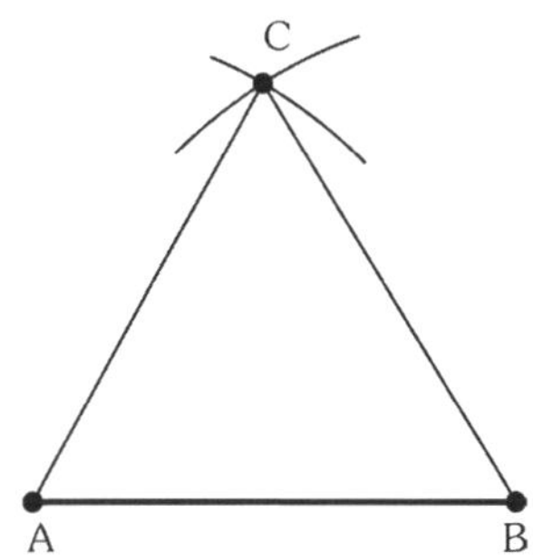

Figura 4.45 - Resultado final.

b. Construção de um quadrado:

Traçar uma reta AB, marcando os dois pontos A e B.

Figura 4.46 - Reta AB.

Traçar um arco com centro em A e raio AB.

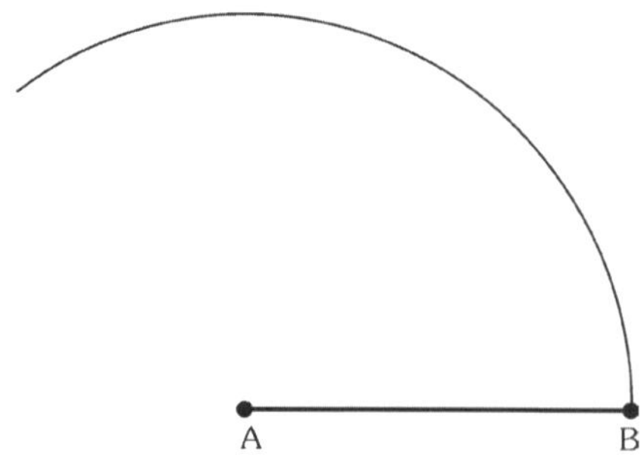

Figura 4.47 - Arco de centro A.

Traçar uma perpendicular através da extremidade A até a intersecção do arco, formando o ponto C.

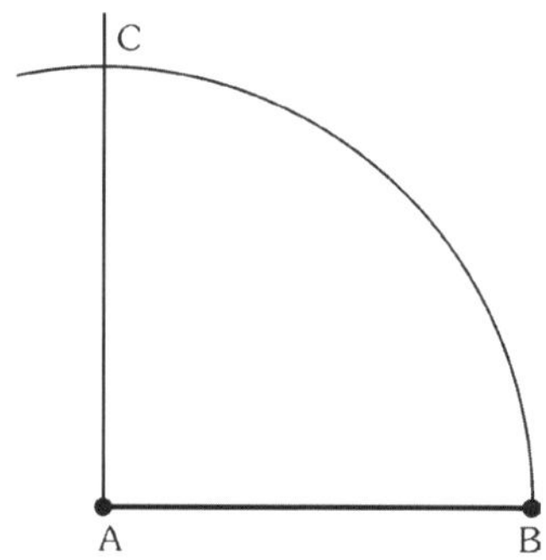

Figura 4.48 - Obtenção do ponto C.

Traçar um arco com centro em C e distância AB.

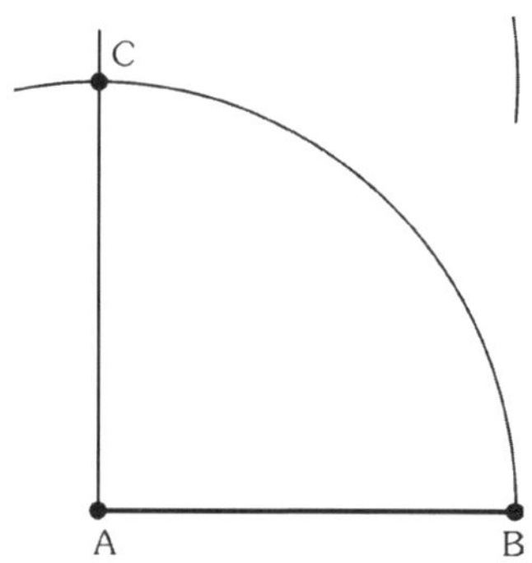

Figura 4.49 - Arco de centro C.

Traçar um arco com centro em B e distância AB, gerando na intersecção o ponto D.

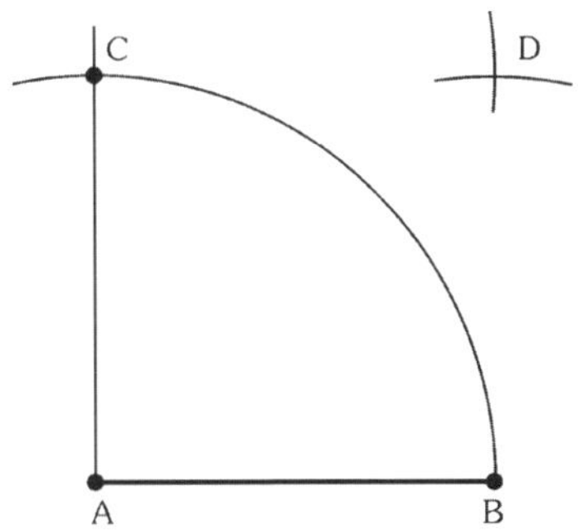

Figura 4.50 - Obtenção do ponto D.

Ligar os pontos CD e em seguida os pontos BD.

O resultado é a obtenção de um quadrado, Figura 4.51.

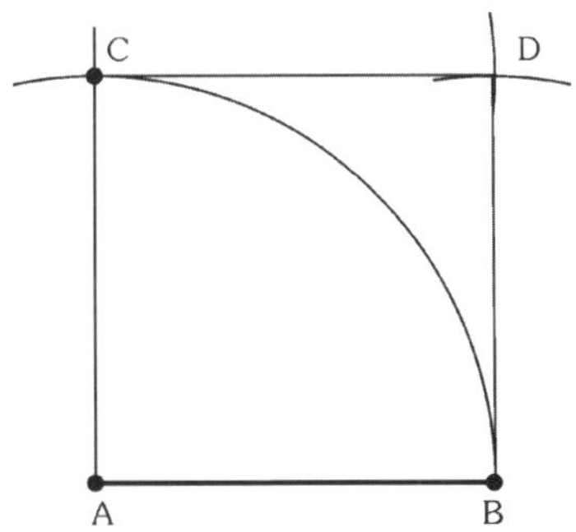

Figura 4.51 - Resultado obtido.

c. Construção de pentágono regular:

Traçar uma reta através de dois pontos A e B.

Figura 4.52 - Segmento de reta.

Traçar uma circunferência com centro em A e raio AB.

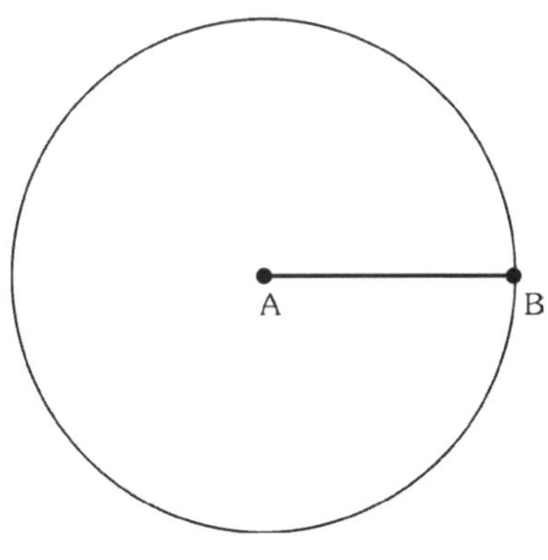

Figura 4.53 - Circunferência.

Traçar uma circunferência com centro em B e raio AB. No cruzamento das circunferências obtêm-se os pontos 1 e 2.

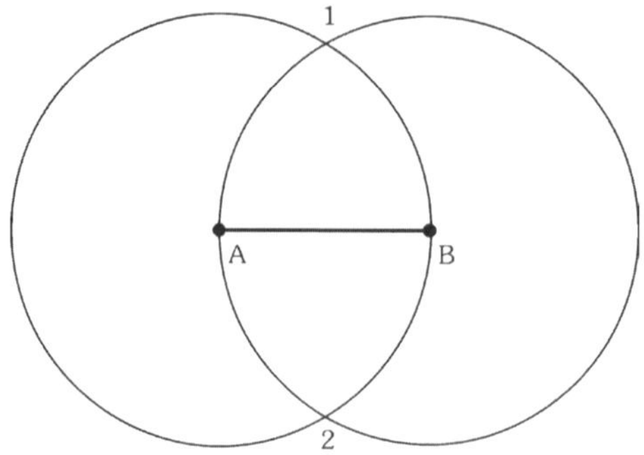

Figura 4.54 - Obtenção dos pontos 1 e 2.

Traçar uma circunferência com centro em 2 e raio AB, obtendo-se os pontos 3 e 4.

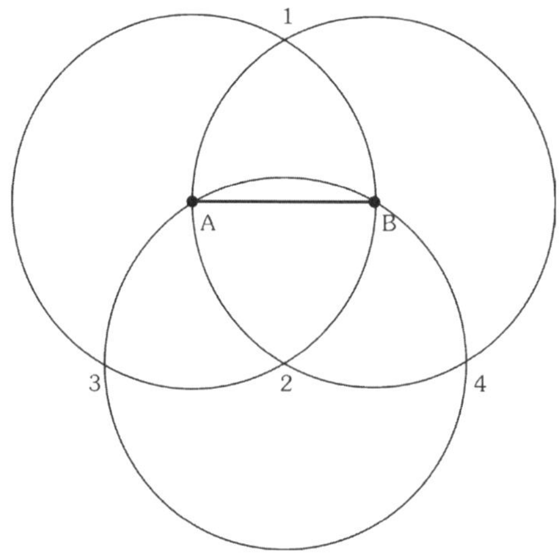

Figura 4.55 - Obtenção dos pontos 3 e 4.

Traçar uma reta passando pelos pontos 1 e 2, obtendo o ponto 5 na intersecção dessa reta e a circunferência de centro em 2.

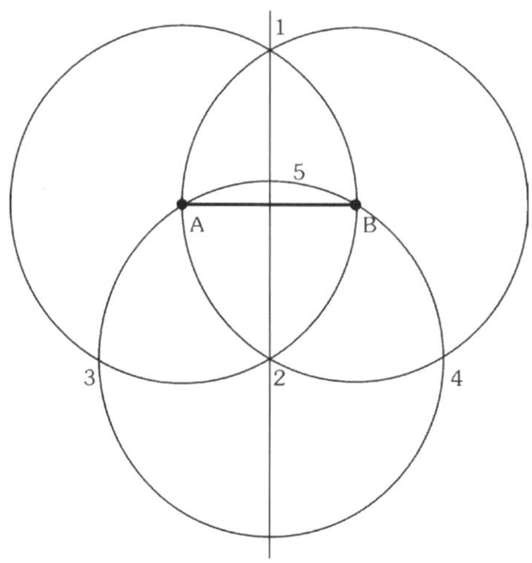

Figura 4.56 - Obtenção do ponto 5.

Traçar a reta passando pelos pontos 3 e 5, obtendo-se o ponto D.

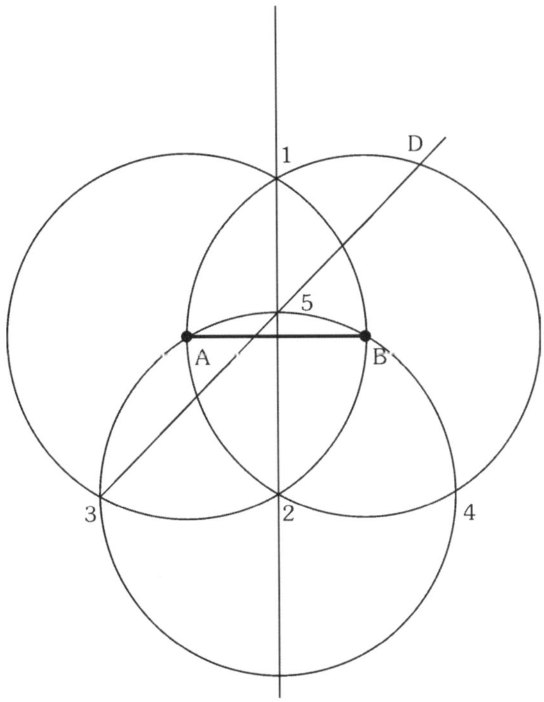

Figura 4.57 - Obtenção do ponto D.

Traçar a reta passando pelos pontos 4 e 5, obtendo-se o ponto E.

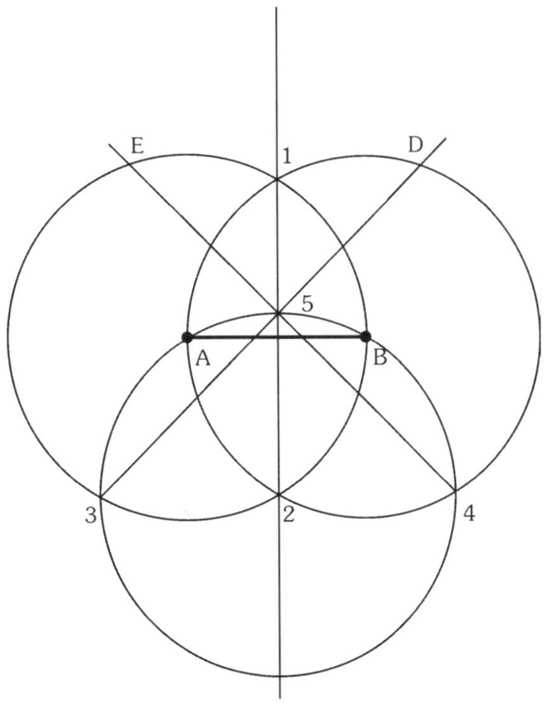

Figura 4.58 - Obtenção do ponto E.

Traçar um arco de centro E e raio AB cruzando a reta que passa pelo ponto 1.

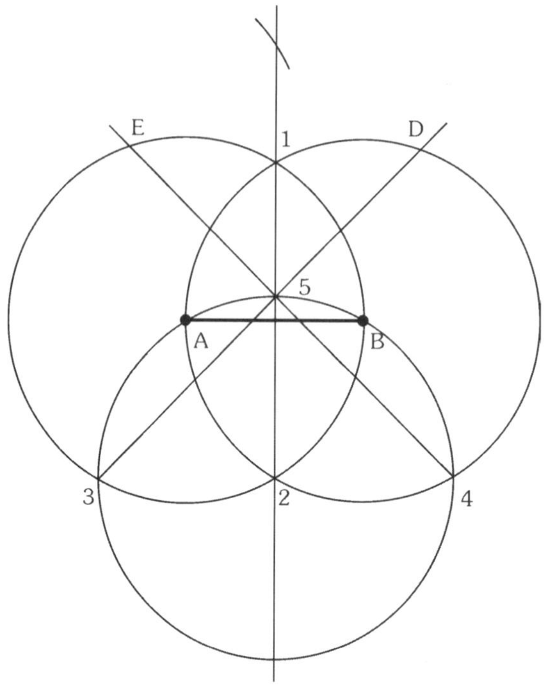

Figura 4.59 - Arco de centro E.

Traçar um arco de centro D e raio AB cruzando a reta que passa pelo ponto 1.

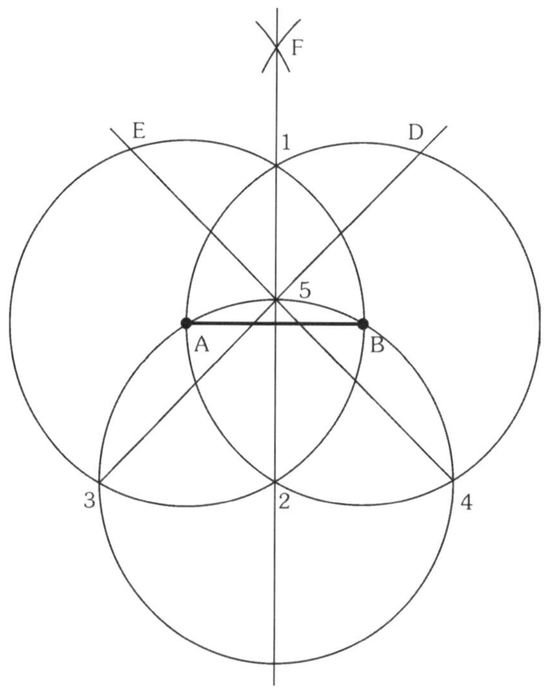

Figura 4.60 - Arco de centro D.

Unir com retas os pontos A e E, E e F, F e D, D e B.

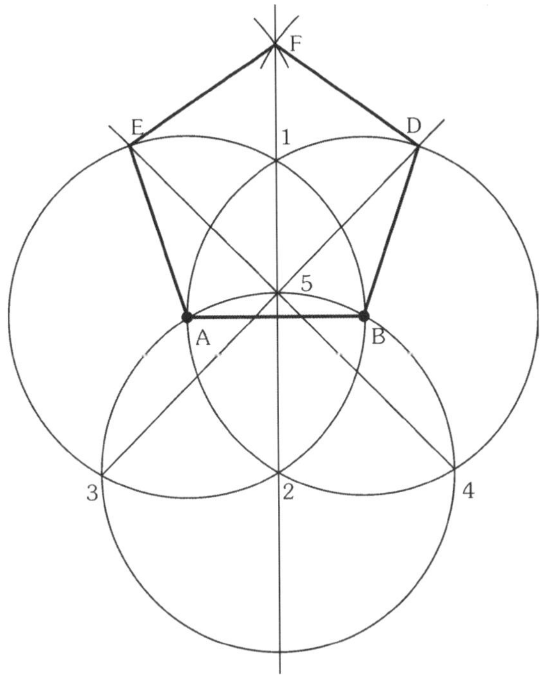

Figura 4.61 - Resultado final.

d. Divisão de circunferência:

Dividir a circunferência em qualquer número de partes iguais. No exemplo da Figura 4.62, 7 partes. Escrever o heptágono regular.

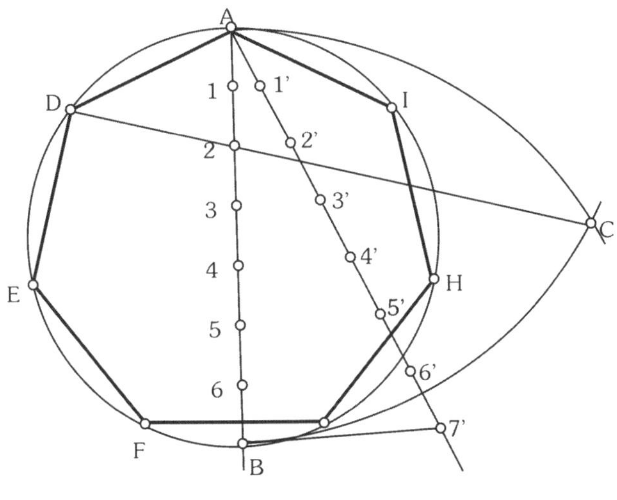

Figura 4.62 - Divisão de circunferência em qualquer número de partes iguais (Regra de Bion).

4.1.2.2 Traçado Básico de Ovais e Elipse

a. Traçado de ovais:

Traçar a reta AB.

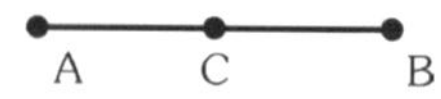

Figura 4.63 - Reta AB.

Com centro no ponto médio C, traçar uma circunferência de raio CA.

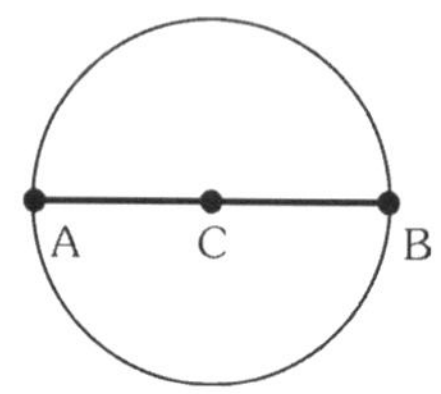

Figura 4.64 - Circunferência de raio CA.

Traçar uma reta perpendicular passando pelo ponto médio C, achando o ponto D.

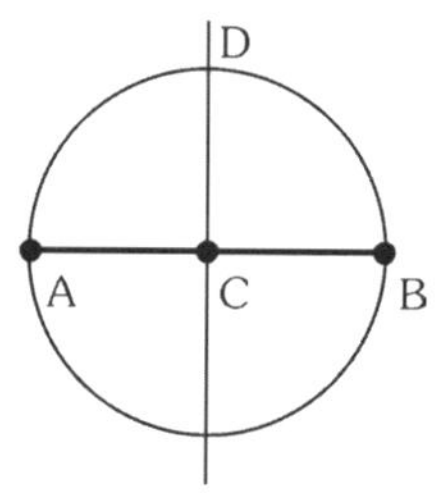

Figura 4.65 - Obtenção do ponto D.

Traçar as retas AD e DB.

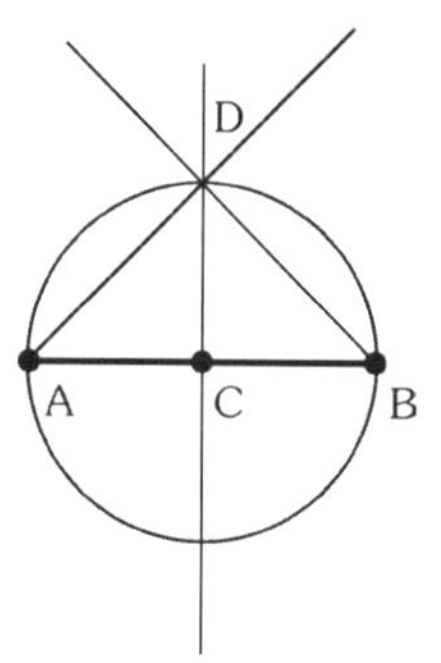

Figura 4.66 - Traçado de retas.

Traçar um arco, com centro em A e raio AB, obtendo o ponto E.

Traçar um arco, com centro em B e raio AB, obtendo o ponto F.

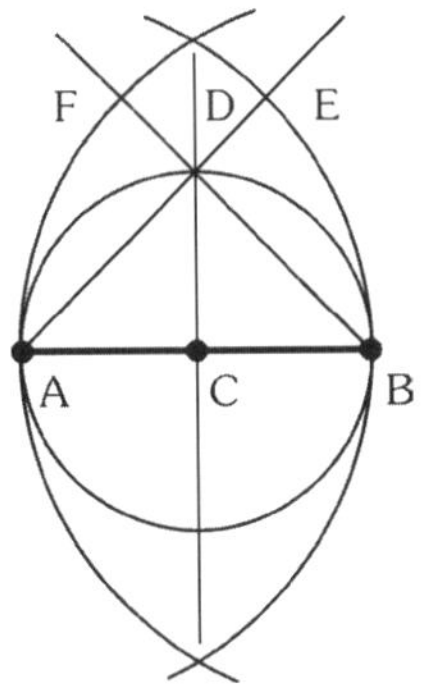

Figura 4.67 - Obtenção dos pontos E e F.

Traçar uma circunferência de centro D e raio DF.

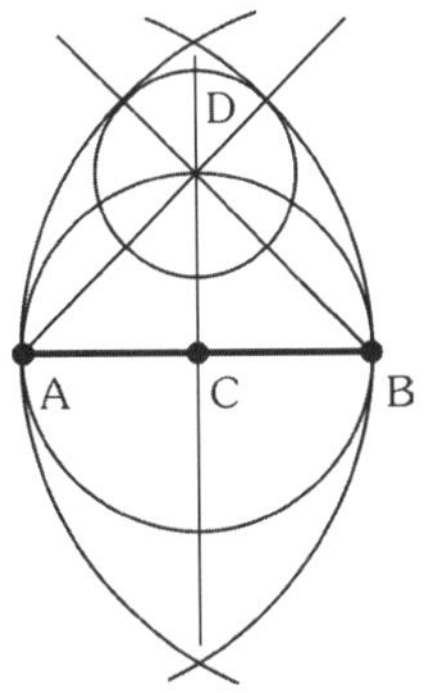

Figura 4.68 - Traçado da circunferência.

Veja o traçado da oval na Figura 4.69.

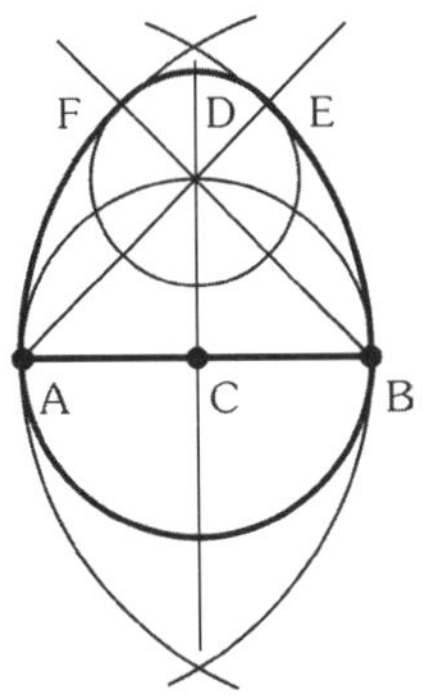

Figura 4.69 - Traçado da oval.

b. Traçado de elipse:

Traçar uma reta AB dividida em quatro partes iguais.

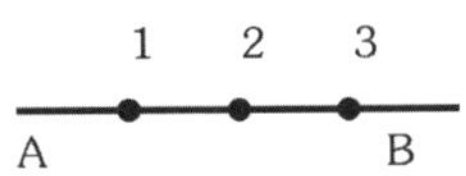

Figura 4.70 - Reta dividida em quatro partes iguais.

Traçar um triângulo isósceles de comprimento 1-3.

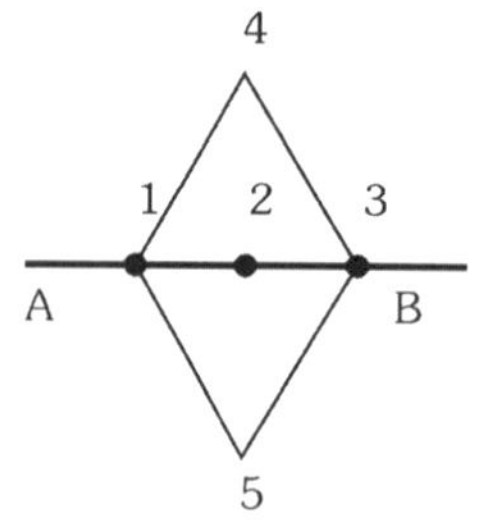

Figura 4.71 - Triângulo isóceles.

Traçar duas circunferências de raio 1-2, uma com centro em 1 e a outra com centro em 3.

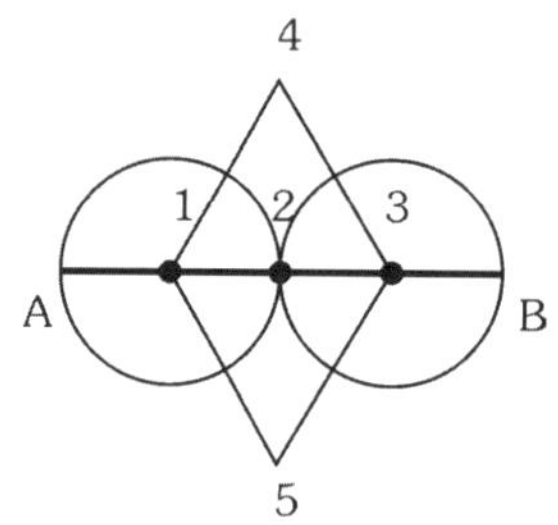

Figura 4.72 - Traçado de duas circunferências.

Estender as linhas 5-3 e 5-1 achando os pontos 6 e 7, traçar um arco com centro em 5 e raio 5-7.

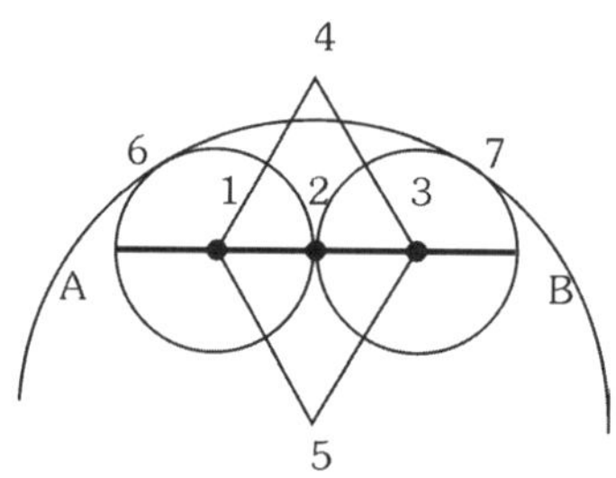

Figura 4.73 - Traçado de arcos.

Com o mesmo raio, traçar um arco com centro em 4.

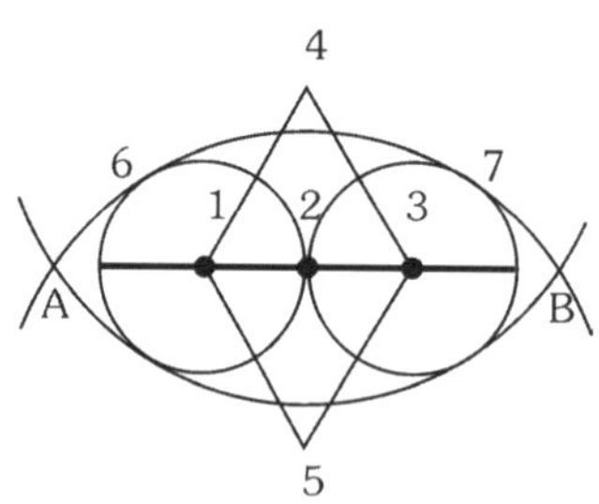

Figura 4.74 - Arco com centro no ponto 4.

Veja o traçado da elipse na Figura 4.75.

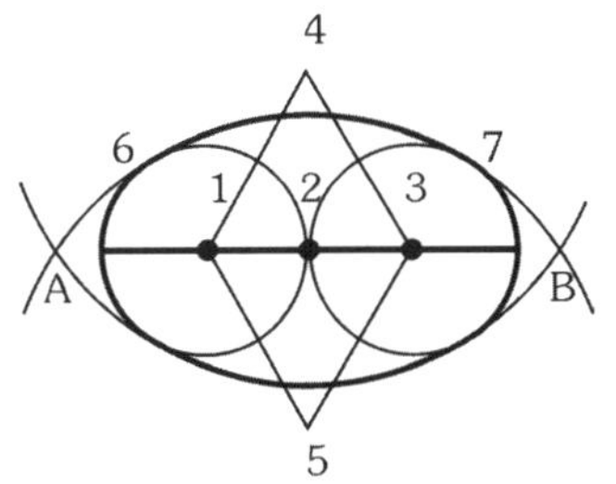

Figura 4.75 - Elipse.

4.1.2.3 Traçado Básico de Espirais

Traçar uma circunferência no diâmetro desejado.

Figura 4.76 - Circunferência.

Dividir a circunferência em oito partes iguais e dividir um dos raios em seis partes iguais.

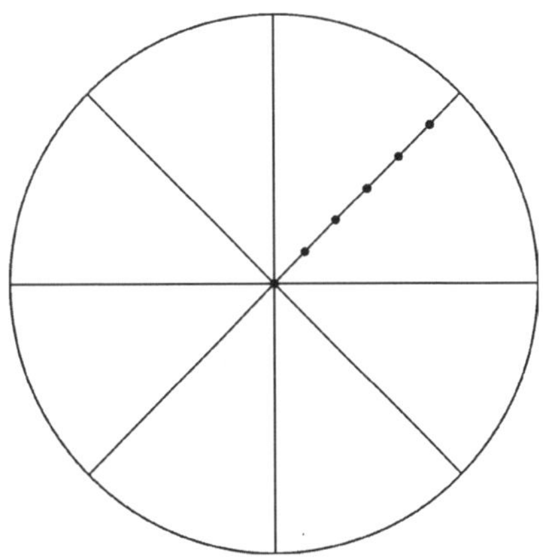

Figura 4.77 - Divisão em partes iguais.

Traçar cinco circunferências concêntricas com raios que passam pelos pontos marcados.

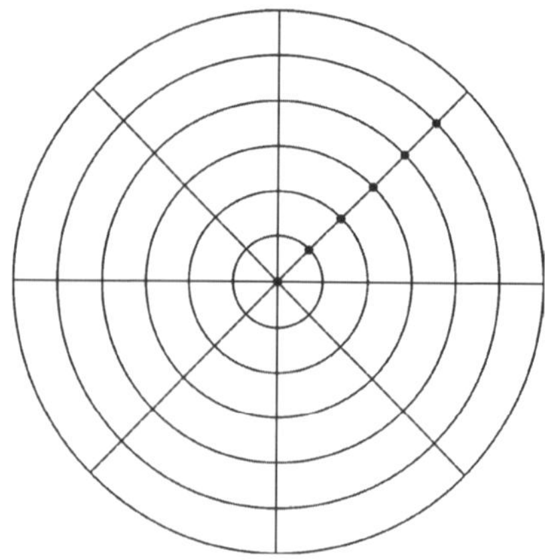

Figura 4.78 - Circunferências concêntricas.

Marcar um ponto na intersecção de cada circunferência com cada linha:

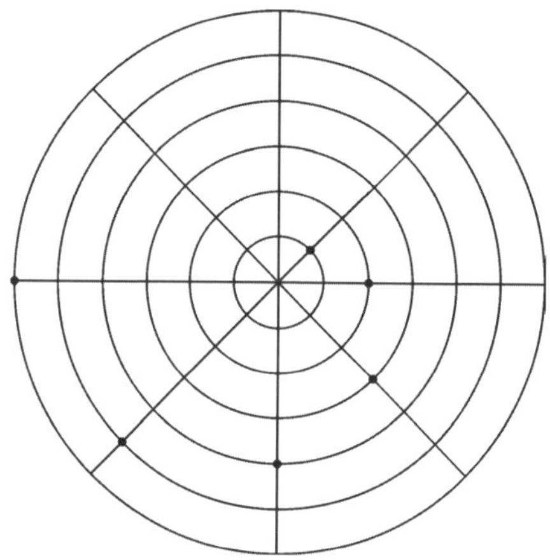

Figura 4.79 - Intersecções.

Traçar uma curva que passa por cada ponto. Esta será a espiral.

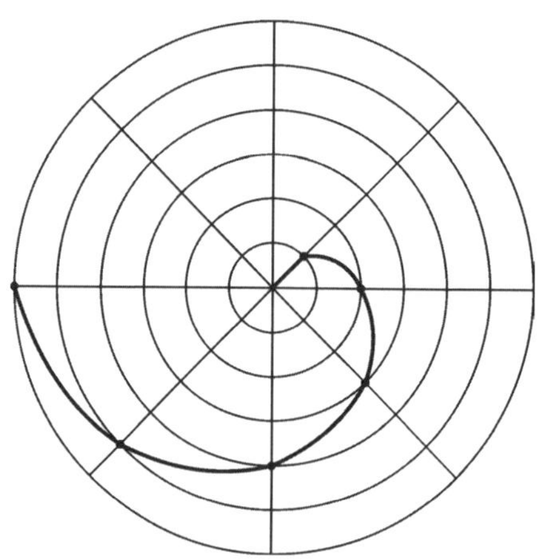

Figura 4.80 - Espiral obtida.

Nota: o traçado de espiral mais preciso é o de Arquimedes, conforme sequência de traçados.

Exercícios

1. Criar uma reta paralela a partir da reta r e do ponto P fornecidos.

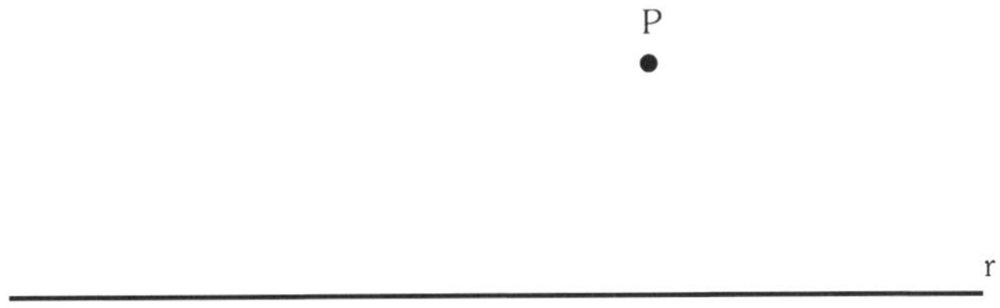

2. Dados uma reta r e um ponto P, traçar uma reta perpendicular.

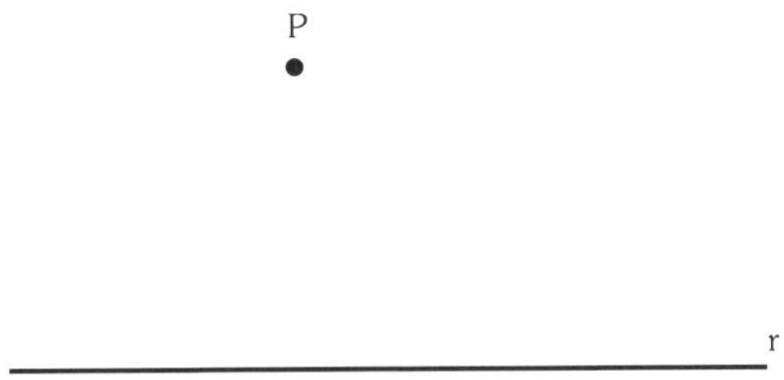

3. Traçar a espiral, dados a circunferência e os pontos marcados a seguir:

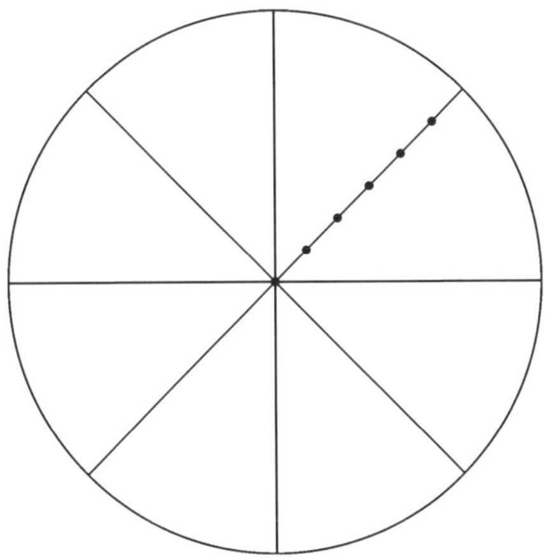

Anotações

capítulo

5

Matemática Técnica Aplicada

5.1 Matemática Básica

5.1.1 Operações Básicas de Números Inteiros

Números inteiros: são compostos por números negativos, zero e números positivos.

Os números negativos representam débito e o zero é um número neutro.

$$\mathbf{Z = \{ \ldots, -3, -2, -1, 0, 1, 2, 3, \ldots\}}$$

5.1.1.1 Adição e Subtração

a. $(+2) + (+1)$

Quando o sinal antes dos parênteses é positivo, deve-se manter os sinais dos números que estão dentro dos parênteses.

$+2+1 = +3$ ou somente 3 (no caso de números positivos não é necessário representar o sinal positivo "+", pois a ausência do sinal indica que o resultado é positivo).

b. $(-8) + (+3)$

Assim como no item anterior, quando o sinal antes dos parênteses é positivo, manter o sinal do número que está dentro dos parênteses. Neste caso o resultado será negativo, pois se há um débito de 8 e um crédito de 3, o resultado será ainda de débito, ou seja, –5.

$$\mathbf{-8+3 = -5}$$

Para facilitar o entendimento, pode-se pensar da seguinte forma: ele deve 8 e ganha 3, no final fica devendo 5, ou seja, –5.

c. (–7)+(+10)

Como visto anteriormente, manter os sinais.

Neste caso deve 7 e ganha 10, no final fica com 3 de crédito (+3 ou somente 3).

–7+10 = +3 ou 3

d. (+5)+(–4)

Manter o sinal do número que está dentro dos parênteses, pois o sinal antes dele é positivo.

+5 – 4 = +1 ou 1

e. (–13)+(–8)

Manter o sinal do número que está dentro dos parênteses, pois o sinal antes dele é positivo. Neste caso o resultado será negativo, pois há um débito de 13 e mais um débito de 8, portanto no final há um débito de 21, ou seja, –21.

–13 – 8= –21

f. (+6) – (+2)

Quando o sinal antes dos parênteses é negativo, o sinal desse número deve ser trocado, ou seja, se o número era positivo, ele se torna negativo; caso o número seja negativo, ele se torna positivo.

+6 – 2 = + 4 ou 4

g. (+6) – (–2)

Neste exemplo o número após o sinal negativo é negativo, então ele se tornará positivo:

+6 + 2 = + 8 ou 8

h. (–2) – (+6)

O sinal antes dos parênteses é negativo, então deve-se inverter o sinal do número que é positivo e se tornará negativo.

– 2 – 6 = –8

5.1.1.2 Multiplicação e Divisão

a. (+3) x (+4) = + 12

Na multiplicação de dois números positivos o sinal será positivo (+ x + = +).

b. (+4) x (–5) = – 20

Na multiplicação de um número negativo e um número positivo, o resultado será negativo (– x + = –) e (+ x – = –).

c. (–6) x (–7) = + 42

Na multiplicação de dois números negativos o resultado será positivo (– x – = +).

d. (+8) / (+2) = +4

Na divisão de dois números positivos o sinal será positivo (+ / + = +).

e. (+6) / (–3) = – 2

Na divisão de um número positivo e um número negativo o resultado será negativo (+ / – = –) e (– / + = –).

f. (– 4) / (–2) = + 2

Na divisão de dois números negativos o resultado será positivo (– / – = +).

5.1.1.3 Expressões Numéricas

A regra para cálculo de expressões numéricas é:

- Resolver primeiramente o que está entre parênteses, depois o que estiver entre colchetes e por final o que estiver entre chaves.
- Após o passo anterior, quando tiver soma/subtração e multiplicação/divisão na mesma expressão, resolver primeiramente a multiplicação ou divisão e em seguida soma ou subtração.

Exemplo 1

{46 – [(+9 – 6) x 6] + 3} → Resolver o que está entre parênteses.

{46 – [(3) x 6] + 3}

{46 – [3 x 6] + 3} → Resolver o que está entre colchetes.

{46 – [18] + 3} → O sinal antes do colchete é negativo, e o número dentro dos colchetes é positivo, portanto, ao retirar os colchetes, o sinal do número deve ser trocado para negativo.

{46 – 18 + 3} → Resolver a subtração e em seguida a soma (no caso de adição e subtração a ordem não altera o resultado, pode-se também realizar primeiramente a soma e depois a subtração).

{28 + 3} = 31 ou

{46 – 15} = 31

Exemplo 2

{7 + 2 x 10 x [(5 + 6) – 1]} → Resolver os parênteses.

{7 + 2 x 10 x [(11) – 1]}

{7 + 2 x 10 x [11 – 1]} → Resolver a subtração dentro dos colchetes.

{7 + 2 x 10 x [10]}

{7 + 2 x 10 x 10} → Resolver a primeira multiplicação.

{7 + 20 x 10} → Resolver a segunda multiplicação.

{7 + 200} = 207 → Resolver a soma.

5.1.1.4 Equações de Primeiro Grau com uma Incógnita

Equações de primeiro grau com uma incógnita possuem um valor desconhecido.

Para a resolução, manter a incógnita "x" do lado esquerdo antes do sinal de igual, passar o número que está antes do sinal de igual para o outro lado conforme a seguinte regra:

- **Adição:** passar para o outro lado e trocar o sinal.
- **Subtração:** passar para o outro lado e trocar o sinal.
- **Multiplicação:** passar para o outro lado dividindo e mantendo o sinal.
- **Divisão:** passar para o outro lado multiplicando e mantendo o sinal.
- **Potenciação:** passar para o outro lado como radiciação.

Exemplos

1. x + 9 = 12 (ou seja, qual número somado a 9 resulta 12?)

Para a resolução, manter a incógnita "x" do lado esquerdo antes do sinal de igual, passar o número que está antes do sinal de igual para o outro lado e trocar o sinal dele:

x + 9 = 12

2. x = 12 – 9 (o número 9 era positivo e passou para o outro lado como negativo)

x = 3

3. –6 + x = – 2 (qual número que somado a –6 resulta –2?)

4. –6 + x = – 2 (manter a incógnita "x" do lado esquerdo e passar o –6 para o outro lado, trocando seu sinal para positivo)

+ x = – 2 + 6

x = + 4

5. – 34 – 2*x = + 26 (qual número que multiplicado por –2 e somado a –34 resulta 26?)

– 34 – 2*x = + 26 (manter "–2x" do lado esquerdo e passar o –34 para o outro lado, trocando seu sinal para positivo)

– 2*x = + 26 + 34 (resolver a soma)

–2*x = + 60 (o –2 está multiplicando a incógnita x, passar para o outro lado dividindo e mantendo o sinal)

x = +60 / (–2) (lembrando que + / – = –)

x = –30

6. $x/2 + 8 = 16$ (qual número dividido por 2 e somado a 8 resulta 16?)

$x/2 + 8 = 16$

$x/2 = 16 - 8$ (resolver a subtração)

$x/2 = 8$ (o número 2 está dividindo, portanto passar para o outro lado multiplicando e mantendo o sinal positivo)

$x = 8 * 2$ (resolver a multiplicação)

$x = 16$

7. $72 - 8*x - 40$

$72 - 8*x = 40$ (passar o 72 para o outro lado, trocando o sinal)

$-8 * x = 40 - 72$ (resolver a subtração)

$-8 * x = -32$ (o –8 está multiplicando, passar para o outro lado dividindo e mantendo o sinal)

$x = -32/(-8)$ (resolver a divisão e lembrar (– / – = +))

$x = 4$

5.1.1.5 Equações de Segundo Grau

Equações de segundo grau são $ax^2+bx+c=0$. Quando apresentar todos os coeficientes, é chamada de equação completa; quando existir algum termo faltante, é chamada equação incompleta.

1. Equações de segundo grau incompletas:

   a. $X^2 = 25$ (qual número elevado ao quadrado resulta 25?)

   Para resolver esta equação a potenciação passa para o outro lado como radiciação com sinal positivo e negativo:

   $X = \pm\sqrt{25}$

   $X = -5$ ou $+5$, pois qualquer número elevado ao quadrado é positivo.

   $S=\{-5;+5\}$

   b. $X^2 + 3 = 19$

   $X2 = 19 - 3$

   $X2 = 16$

   $X = -4$ ou 4

   $S=\{-4;+4\}$

2. Equações de segundo grau completas:

$$ax^2 + bx + c = 0$$

Para a resolução de equações de segundo grau completas deve-se utilizar a fórmula de Bhaskara:

$$x = \frac{-b \pm \sqrt{\Delta}}{2a}$$

Sendo $\Delta = b^2 - 4ac$.

Primeiramente se calcula o Δ e em seguida utiliza-se o valor na fórmula de Bhaskara:

$x^2 - 4x - 12 = 0$

a= 1

b= –4

c= –12

Cálculo de Δ

$\Delta = (-4)^2 - 4*1*(-12)$

$\Delta = 16 + 48$

$\Delta = 64$

Fórmula de Bhaskara

$X = -(-4) \pm \sqrt{64} / 2*1$

Separar em soma e subtração

Soma

$X1 = 4 + \sqrt{64} / 2*1$

$X1 = 4 + 8 / 2$

$X1 = 4 + 4$

$X1 = 8$

Subtração

$X2 = 4 - \sqrt{64} / 2*1$

$X2 = 4 - 8 / 2$

$X2 = 4 - 4$

$X2 = 0$

Resultado: S={0;8}

5.1.1.6 Regra de Três Simples

A regra de três é muito antiga e bastante utilizada para cálculo de proporções. Nessa regra temos três valores conhecidos e queremos conhecer o quarto valor.

Por exemplo, se por 3 kg pagam-se R$ 12,00, quanto se pagaria por 4 kg?

Colocam-se os valores de mesma unidade um embaixo do outro e multiplica-se em cruz:

3 kg ---------→ R$ 12,00

4 kg ---------→ x

$3x = 4 * 12$

$3x = 48$

$x = 48/3$

$x = 16$, ou seja, o preço seria R$ 16,00.

5.1.1.7 Frações

Fração é a expressão de uma ou mais partes iguais em que um inteiro foi dividido.

No exemplo seguinte, o hambúrguer foi dividido em quatro partes iguais, sendo cada parte uma fração do hambúrguer.

A fração é representada por:

$$\frac{a}{b}$$

Sendo:

a = numerador

b = denominador

O denominador deve sempre ser diferente de zero.

Uma fração é uma divisão, portanto $\frac{10}{5}$ é a mesma coisa que 10 : 5, o resultado é 2.

Neste caso 10 é o numerador e 5 o denominador.

Para cálculos de frações é interessante que se façam simplificações nelas, ou seja, dividindo ou multiplicando o numerador e o denominador pelo mesmo número, o resultado não se altera.

Exemplo

$\frac{144}{12}$ Podem ser divididos o numerador e o denominador por 2:

Portanto, 144:2 = 72 e 12:2=6

$\frac{72}{6}$ Podem ser divididos o numerador e o denominador novamente por 2:

Portanto, 72:2 = 36 e 6:2=3

$\frac{36}{3}$ Podem ser divididos o numerador e o denominador por 3:

Portanto, 36:3 = 12 e 3:3= 1

$\frac{12}{1}$ O resultado é 12.

Perceba que muitas vezes a simplificação facilita muito os cálculos.

a. Adição e subtração de frações de mesmo denominador:

Deve-se manter o mesmo denominador e somar ou subtrair os numeradores.

$$\mathbf{\frac{12}{5}+\frac{8}{5} = \frac{12+8}{5} = \frac{20}{5} = 4}$$

b. Adição e subtração de frações de denominadores diferentes:

Deve-se achar o mínimo múltiplo comum (mmc) dos denominadores das frações:

$$\mathbf{\frac{12}{25}+\frac{8}{16}}$$

Neste caso os denominadores são 25 e 16. Achar o mmc:

25, 16	2
25, 8	2
25, 4	2
25, 2	2
25, 1	5
5, 1	5
1, 1	o mmc é 2x2x2x2x5x5 = 400

Deve-se pegar o mmc e dividir pelo denominador e multiplicar pelo numerador:

400/25 = **16** *e* 400/16 = **25**

$$\frac{16x12}{400}+\frac{25x8}{400}=\frac{(16x12)+(25x8)}{400}=\frac{192+200}{400}=\frac{392}{400}$$

c. Multiplicação de frações:

Deve-se multiplicar os numeradores e os denominadores:

$$\frac{12}{2}x\frac{8}{3} = \frac{12x8}{2x3} = \frac{96}{6}=16$$

d. Divisão de frações:

Na divisão de frações é preciso manter a primeira fração e multiplicar pelo inverso da segunda fração.

$$\frac{\frac{9}{2}}{\frac{14}{3}} = \frac{9}{2}x\frac{3}{14} = \frac{18}{28}$$

5.1.1.8 Porcentagem

Porcentagem é a centésima parte de uma grandeza, é um valor calculado com referência a 100 unidades e representado pelo símbolo %.

O valor é calculado pela seguinte expressão:

$$\% = \text{valor} / 100$$

Exemplo:

2% = 2 / 100

34% = 34 / 100

Para reduções e aumentos calcula-se da seguinte forma:

a. Uma medida de 30 cm deve ser aumentada em 20%:

Calcula-se quanto é 20% de 30:

20/100 * 30 = 0,2 * 30 = 6

Portanto, 20% de 30 cm são 6 cm.

Devemos então aumentar esta medida em 6 cm, e no final teremos 36 cm, pois 30+6=36.

b. Um comprimento de 40 m deve ser reduzido em 60%:

Calcula-se quanto é 60% de 40 m:

60/100 * 40 = 0,6 * 40 = 24 m, deve-se reduzir 24 m.

O valor final reduzido em 60% será:

$$40 - 24 = 16 \text{ m}$$

5.1.2 Densidade

Densidade é uma propriedade física da matéria, definida pela relação da massa do objeto por unidade de volume.

$$\textbf{densidade} = \frac{\textbf{massa}}{\textbf{volume}} \quad \textbf{ou} \quad \rho = \frac{\textbf{m}}{\textbf{v}}$$

Sendo:

m = massa

v = volume

A unidade no sistema internacional de unidades SI é kg/m^3, mas outras unidades são aceitáveis e muito utilizadas como g/cm^3.

A tabela a seguir apresenta as densidades de alguns materiais na Tabela 5.1.

Tabela 5.1 - Densidade de alguns materiais.

Material		**Densidade (g/cm^3)**
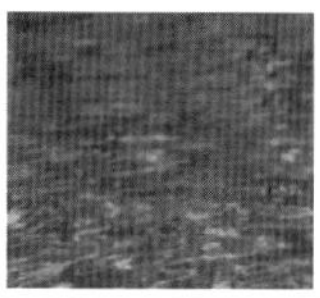	Água	1 .00
	Ar	0.0013
	Gelo	0.92
	Alumínio	2.70
	Aço	7.8

Dependendo dos dados que se possui, a partir da fórmula da densidade é possível obter os seguintes dados de um material:

a. **Massa e volume disponíveis:** calcula-se a densidade

b. **Massa e densidade:** calcula-se o volume

c. **Densidade e volume:** calcula-se a massa

Exemplo

1. Sabendo-se que a massa de um material é 34 kg e seu volume 12 m^3, calcular a densidade desse material:

$$\textbf{densidade} = \frac{\textbf{massa}}{\textbf{volume}} \Rightarrow \textbf{densidade} = \frac{34}{12} = 2{,}83\ \text{kg/m}^3$$

2. Sabendo-se que a massa de um determinado material é 200 g e sua densidade é igual a 10 g/cm^3, calcular o volume desse material:

$$\textbf{densidade} = \frac{\textbf{massa}}{\textbf{volume}} \Rightarrow 10 = \frac{200}{\textbf{volume}} \Rightarrow \textbf{volume} = \frac{200}{10} = 20\ \text{cm}^3$$

3. Sabendo-se que o volume de um determinado material é 58 m^3 e sua densidade é igual a 9,7 kgcm^3, calcular a massa desse material:

$$\textbf{densidade} = \frac{\textbf{massa}}{\textbf{volume}} \Rightarrow 9{,}7 = \frac{m}{58} \Rightarrow m = 9{,}7 \times 58 = 562{,}6\ \text{kg}$$

5.1.3 Massa

A massa de um objeto é uma propriedade fundamental, é a medida da quantidade de matéria erroneamente chamada de peso.

A unidade de medida de massa no sistema internacional de unidades é kg.

5.1.4 Peso

Peso é uma força determinada pela massa de um objeto multiplicada pela aceleração da gravidade (aceleração da gravidade da Terra g =9,8 m/s^2). A unidade de medida de peso é Newton no Sistema Internacional de Unidades.

Peso = massa x aceleração da gravidade

ou

$$P = m \times g$$

5.2 Regras de Arredondamento

a. Algarismo descartado maior do que 5: arredondar somando uma unidade ao algarismo a ser mantido.

Exemplo:

23,46 = 23,5

b. Algarismo descartado igual a 5 seguido de pelo menos um algarismo diferente de zero: arredondar somando uma unidade ao algarismo a ser mantido.

Exemplo:

2,3505 = 2,4

c. Algarismo descartado igual a 5 seguido de zero ou não seguido por outros números: caso o algarismo a ser mantido seja ímpar, acrescentar uma unidade; caso seja par, o número par será mantido.

Exemplo:

6,35 = 6,4

6,25 = 6,2

Exercícios

Exercícios de operações básicas:

1. Efetuar as somas e subtrações a seguir:

a. +2 + 11 =

b. –35 + 2 =

c. +17 – 21 =

d. –8 – 3 =

e. –5 + 35 =

f. –102 – 200 =

g. –150 + 300 =

2. Efetuar as divisões e multiplicação a seguir:

a. 2 x 11 =

b. (–5) x (+21) =

c. (–45) x (–2) =

d. (+100) x (–3) =

e. (+20) : (+10) =

f. (–8) : (–4) =

g. (–400):(+20) =

h. (+50):(–5) =

3. Calcular as expressões numéricas a seguir:

a. {+3 – 2 x [8 – 1 x 9 – (6 – 2)]}=

b. 15:5 + 2 x 3=

c. 10 x 4 : 20=

4. Calcular as equações de primeiro grau a seguir:

   a. $x + 65 = 70$

   b. $x - 23 = -10$

   c. $74 + x = 43$

   d. $-37 - x = -90$

5. Calcular as equações de segundo grau incompletas a seguir:

   a. $x^2 - 4 =$

   b. $x^2 - 16 =$

   c. $x^2 - 9$

   d. $x^2 - 25 =$

6. Calcular as equações de segundo grau completas a seguir:

   a. $x^2 - 5x + 6 = 0$

   b. $x^2 + 4x -4 = 0$

   c. $3x^2 - 7x +2 = 0$

7. Regra de três:

   a. Um lote de 200 peças custa R$ 12,00. Quanto custaria uma compra de 600 peças?

   b. Uma placa de 300 m precisa de 200 m de certo material. Se essa peça tivesse um comprimento de 250 m, quanto precisaria desse mesmo material?

8. Exercícios de porcentagem:

   a. Um funcionário ganha um salário de R$ 4.000,00 por mês e recebeu uma promoção, obtendo 20% de aumento. Qual será seu salário final?

   b. Reduzir um comprimento de 1000 m em 50%. Qual o comprimento final?

9. Exercícios de densidade:

   a. Qual a massa de um material de densidade 5 g/cm^3 que ocupa 20 cm^3 de volume?

   b. Calcule a densidade de um material de massa 12 g e volume 3 cm^3.

   c. Qual o volume de um material de massa 40 g e densidade 9 g/cm^3?

10. Regra de arredondamento. Faça o arredondamento mantendo uma casa após a vírgula:

   a. 12,36 =

   b. 7,75 =

   c. 7,65 =

Anotações

capítulo

6

Projeção Ortogonal e Perspectivas

6.1 Projeção Ortogonal

6.1.1 Introdução

A projeção ortogonal é a forma de representar um objeto tridimensional numa superfície plana.

No exemplo seguinte, as vistas de A a F representam o objeto traçado, sob o ponto de vista de um observador que olha a peça de frente, por cima, pelas laterais e por baixo.

O desenho deve ser representado pela cor preta, mas se outras cores precisarem ser utilizadas para facilitar o entendimento, o seu significado deve ser explicado na legenda.

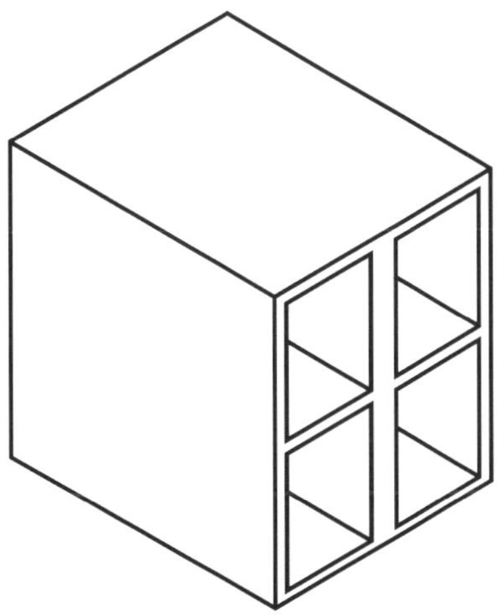

Figura 6.1 - Objeto em três dimensões.

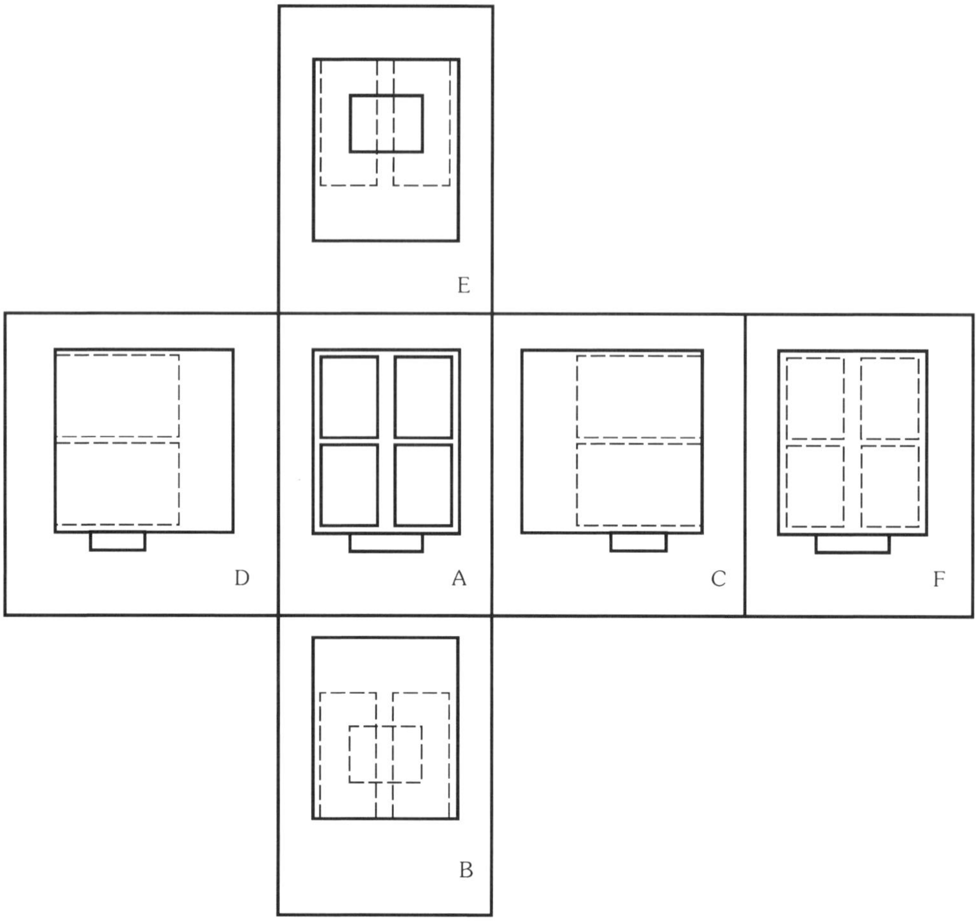

Figura 6.2 - Vistas de A a F.

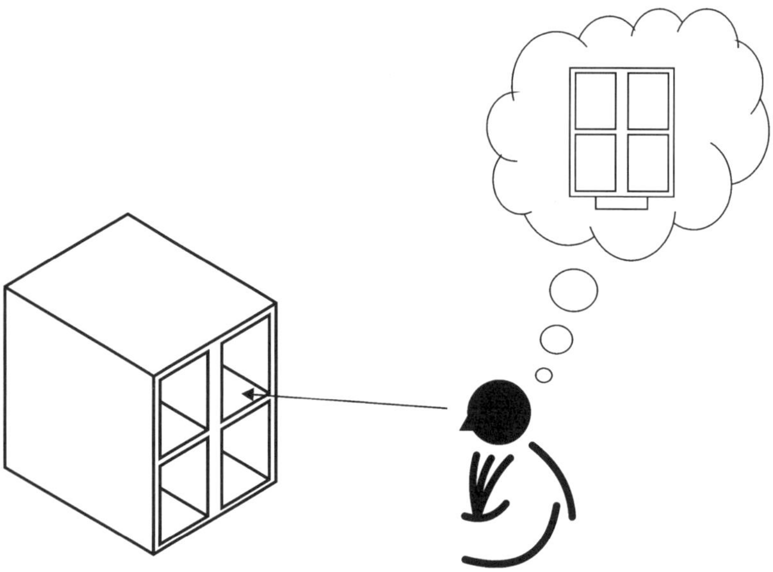

Figura 6.3 - Observador olhando de frente.

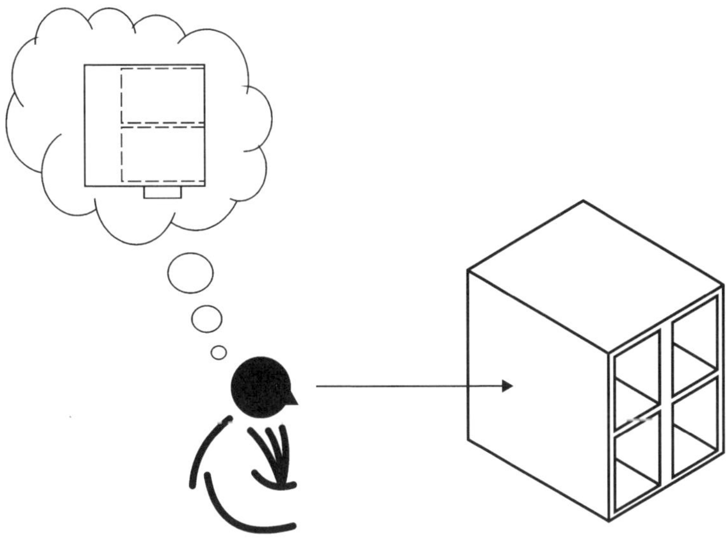

Figura 6.4 - Observador olhando a lateral da peça.

Neste capítulo são estudadas as formas de representação de objetos no plano.

6.1.2 Denominações das Vistas

A vista frontal deve ser sempre a mais representativa.

- **A:** vista frontal;
- **B:** vista superior;
- **C:** vista lateral esquerda;
- **D:** vista lateral direita;
- **E:** vista inferior;
- **F:** vista posterior.

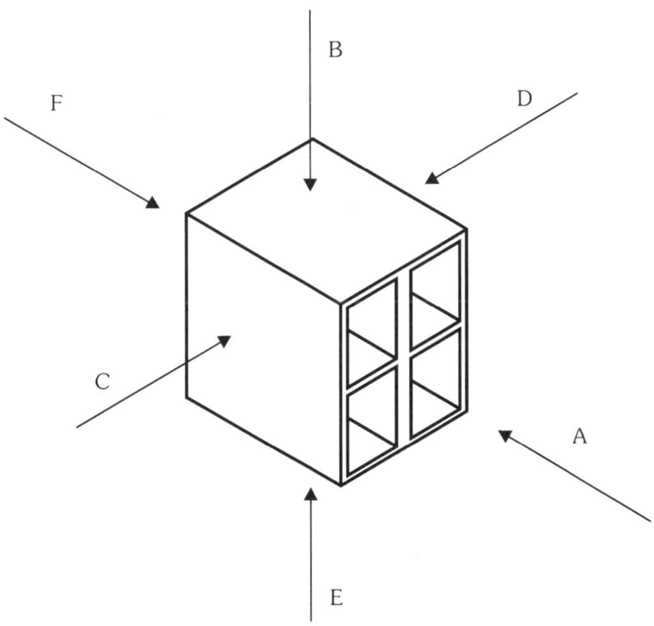

Figura 6.5 - Indicação das vistas.

6.1.3 Diedro

Para a projeção ortográfica existem dois métodos, sendo o 1º diedro e o 3º diedro.

No Brasil, a projeção mais utilizada é o **método do 1º diedro**, representado na Figura 6.6. É o método europeu.

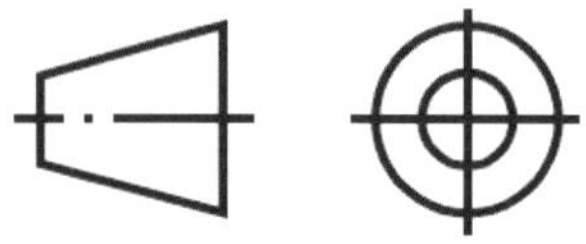

Figura 6.6 - Indicação do primeiro diedro.

Definição Segundo a NBR 10209

Projeção no 1º diedro: representação ortográfica compreendendo o arranjo, em torno da vista principal de um objeto, de algumas ou de todas as outras cinco vistas desse objeto. As vistas são organizadas como segue:

- **A:** vista frontal, que deve ser a mais representativa, sendo a vista de referência.
- **B:** vista superior, que deve ser posicionada abaixo da vista frontal.
- **C:** vista lateral esquerda, que deve ser posicionada à direita da vista frontal.
- **D:** vista lateral direita, que deve ser posicionada à esquerda da vista frontal.
- **E:** vista inferior, que deve ser posicionada acima da vista frontal.
- **F:** vista posterior, que deve ser posicionada à direita da vista C ou à esquerda da vista D. Escolha a posição mais conveniente.

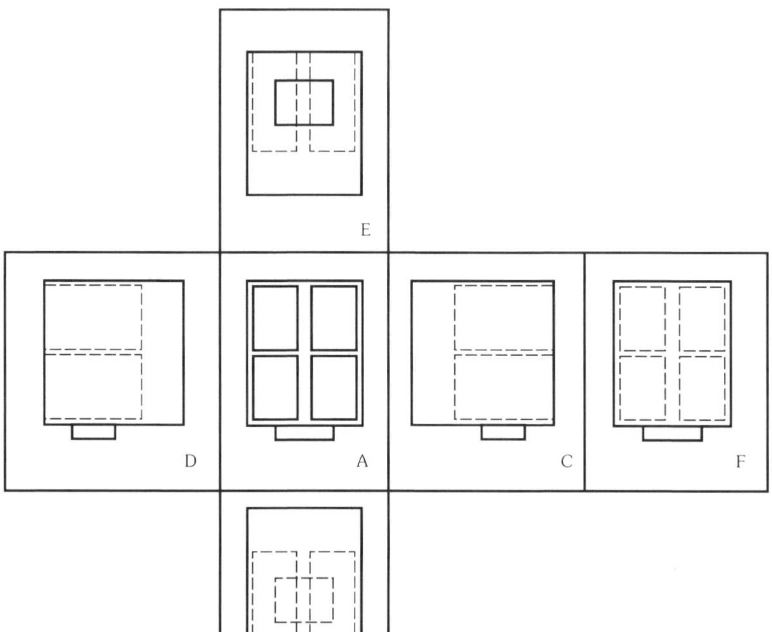

Figura 6.7 - Posições do primeiro diedro.

O 3º diedro é representado na Figura 6.8, sendo o método americano.

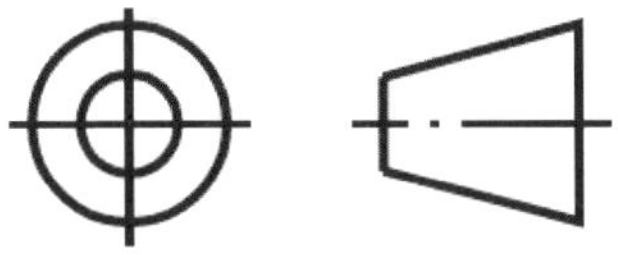

Figura 6.8 - Posições do terceiro diedro.

Definição Segundo a NBR 10209

Projeção no 3º diedro: representação ortográfica compreendendo o arranjo, em torno da vista principal de um objeto, de algumas ou de todas as outras cinco vistas desse objeto. As vistas são organizadas como segue:

- **A:** vista frontal, que deve ser a mais representativa, sendo a vista de referência.
- **B:** vista superior, que deve ser posicionada acima da vista frontal.
- **C:** vista lateral esquerda, que deve ser posicionada à esquerda da vista frontal.
- **D:** vista lateral direita, que deve ser posicionada à direita da vista frontal.
- **E:** vista inferior, que deve ser posicionada abaixo da vista frontal.
- **F:** vista posterior, que deve ser posicionada à direita da vista C ou à esquerda da vista D. Escolha a posição mais conveniente.

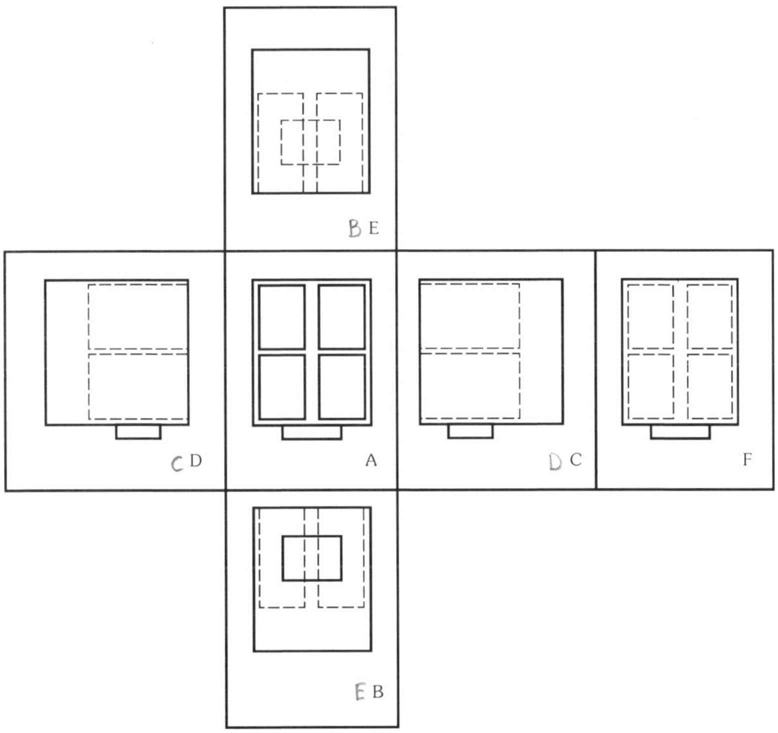

Figura 6.9 - Indicação do terceiro diedro.

6.1.4 Regras Básicas de Representação

A vista frontal ou principal deve ser a mais representativa. Geralmente ela é representada na sua posição de utilização.

Devem ser utilizadas quantas vistas forem necessárias, mas buscando o menor número de vistas possível. Geralmente três vistas são suficientes (frontal, lateral esquerda e superior). Muitas vezes, apenas a vista frontal já é suficiente; em outras, são necessárias vistas auxiliares e cortes (vistas em corte - capítulo 7).

Para o entendimento de como realizar as projeções ortográficas, vamos considerar um objeto simples, um paralelepípedo.

Exemplo 1

Figura 6.10 - Paralelepípedo em três dimensões.

Conforme visto no capítulo 3, os contornos visíveis devem ser representados como linha contínua e os não visíveis ao observador (linhas escondidas) devem ser indicados com linha tracejada. No caso de linhas de centro de furo e eixos utilize linhas "traço e ponto".

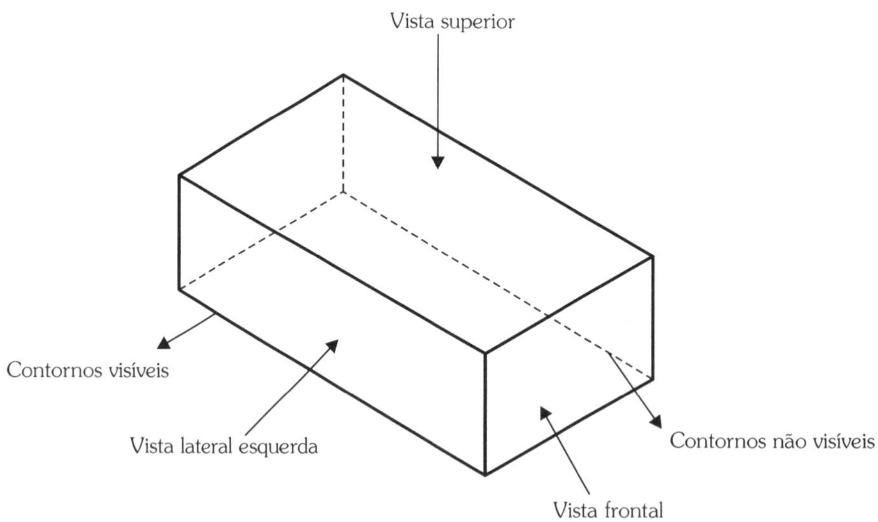

Figura 6.11 - Representação com as linhas visíveis e não visíveis.

Acompanhe, a seguir, a vista frontal representada no campo VF, a lateral esquerda no campo VE e a superior na VF.

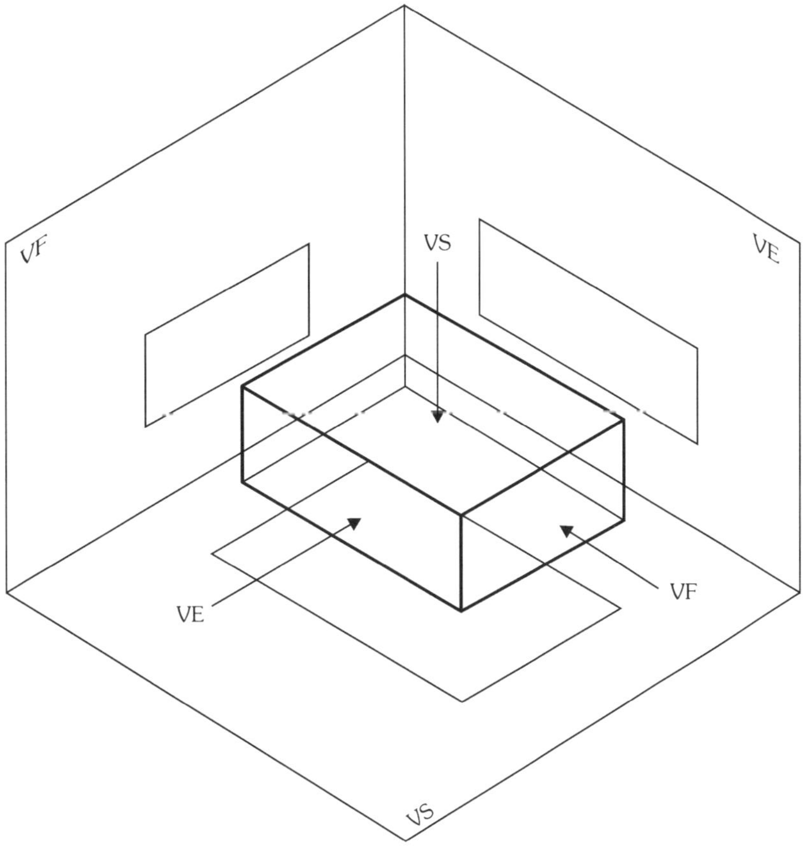

Figura 6.12 - Projeções.

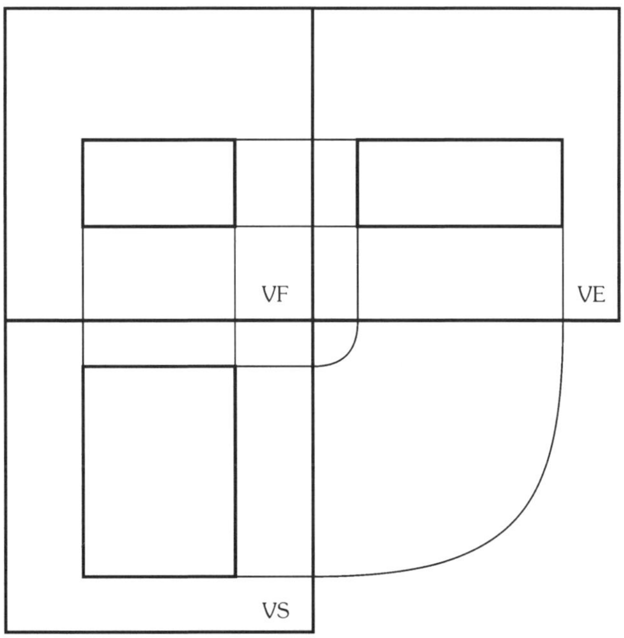

Figura 6.13 - Projeção no plano.

Olhando a peça de frente, o observador enxergará somente um retângulo, conforme a vista VF. Olhado por cima, verá um retângulo como o da vista VS, e olhando a lateral esquerda, vai enxergar a vista VE.

Exemplo 2

Neste exemplo, a linha tracejada representa o perfil escondido do rasgo na lateral esquerda.

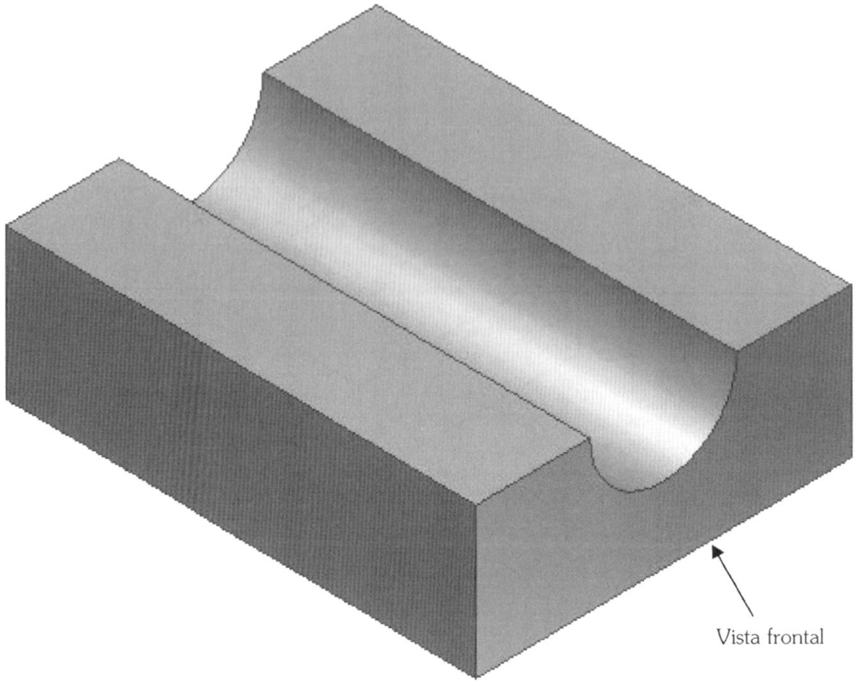

Figura 6.14a - Peça com rasgo.

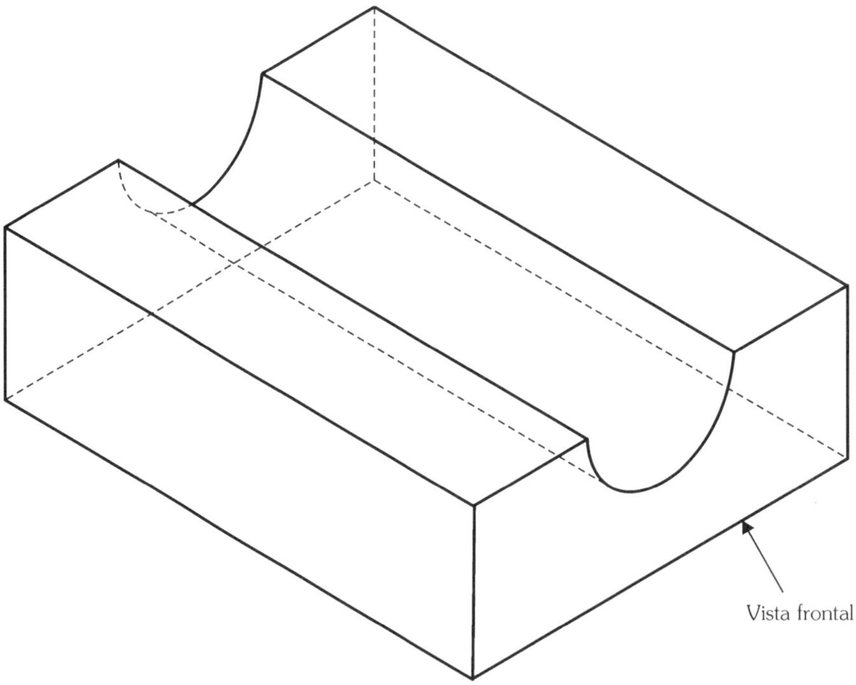

Figura 6.14b - Representação das linhas.

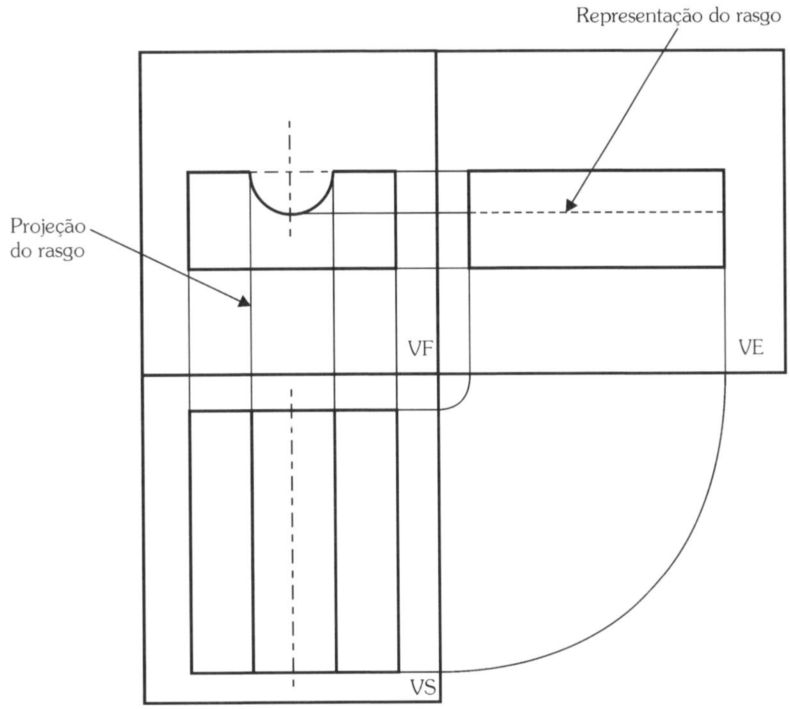

Figura 6.15 - Projeção no plano.

Olhando esta peça de frente, o observador vê o perfil mostrado na vista VF. Olhando por cima, enxerga a vista VS composta pelo retângulo e os perfis visíveis do rasgo. Olhando a lateral esquerda, o observador enxerga apenas um retângulo, porém a peça possui um rasgo. Se a peça fosse transparente, o observador enxergaria, além do retângulo, a linha inferior do rasgo. Desta forma, essa linha, por não ser visível, deve ser tracejada.

Exemplo 3

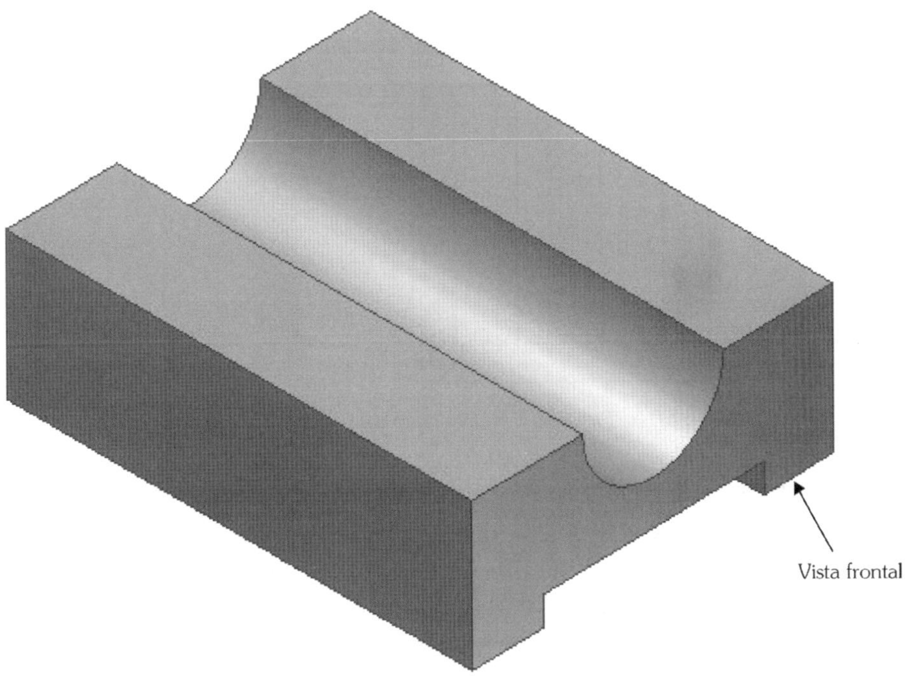

Figura 6.16a - Indicação da vista frontal.

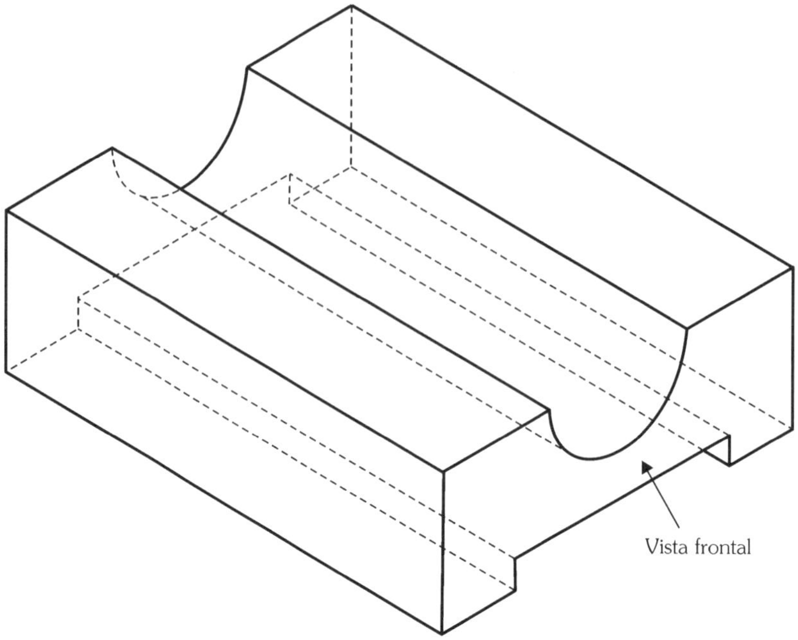

Figura 6.16b - Indicação da vista frontal com as linhas não visíveis.

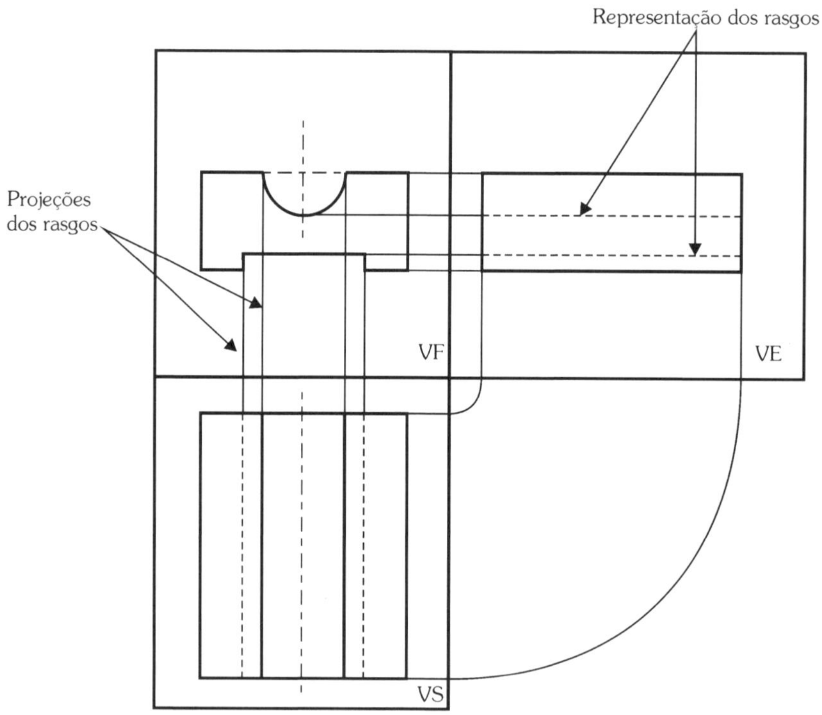

Figura 6.17 - Projeção no plano.

Olhando esta peça de frente, o observador vê o perfil mostrado na vista VF. Olhando por cima, enxerga a vista VS composta pelo retângulo e os perfis visíveis do rasgo superior, e se ela fosse transparente, o observador enxergaria os perfis do rasgo inferior. Olhando a lateral esquerda desta peça, o observador enxerga apenas um retângulo. Como a peça possui um rasgo superior e um inferior, se ela fosse transparente, o observador enxergaria, além do retângulo, a linha inferior do rasgo cilíndrico e a linha superior do rasgo retangular. Desta forma, essas linhas, por não serem visíveis, devem ser tracejadas.

As linhas que conectam as vistas são auxiliares para a construção das projeções. Caso se esteja trabalhando com folhas quadriculadas, cada quadrado é uma unidade de medida da peça, sendo possível a utilização dessas unidades para construção das vistas desejadas.

Exemplo 4

Dadas as duas vistas a seguir, representar a lateral esquerda.

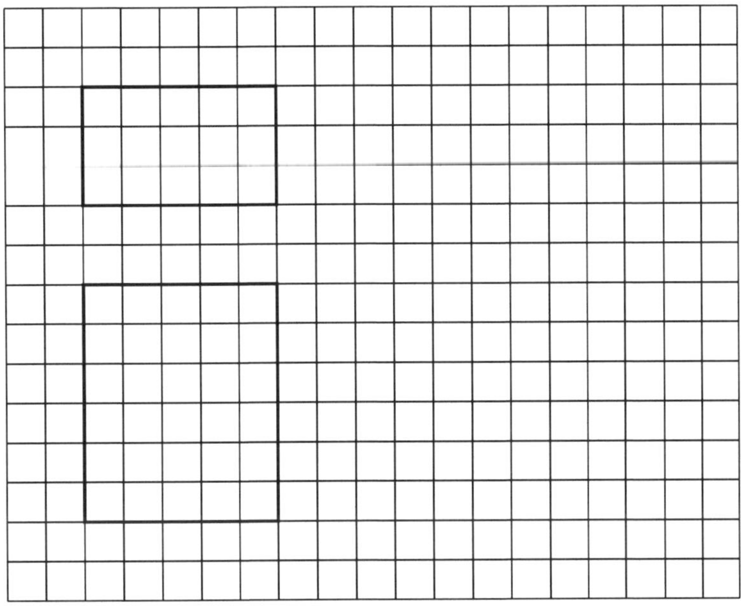

Figura 6.18 - Vistas frontal e superior.

Sabe-se com base na folha quadriculada que a vista frontal possui 3u de altura e 5u de largura, e a vista superior possui 6u de comprimento.

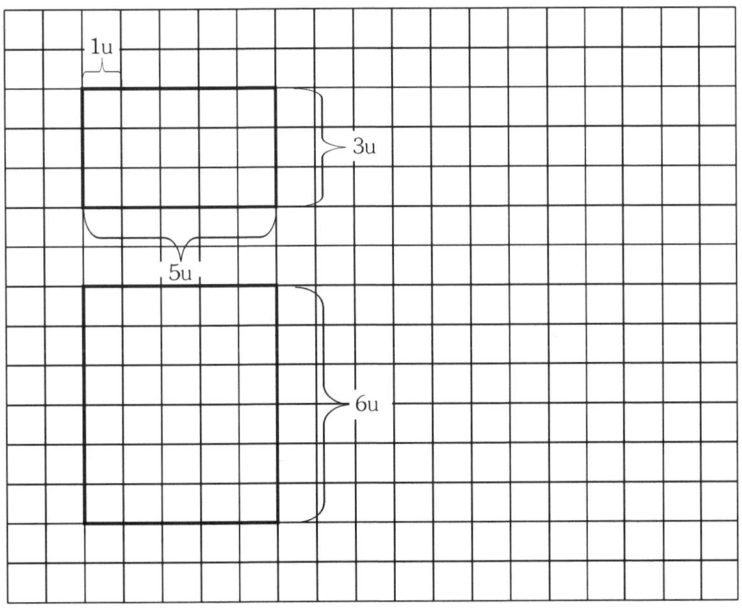

Figura 6.19 - Dimensões.

A lateral esquerda terá, portanto, 3u de altura e 6u de comprimento.

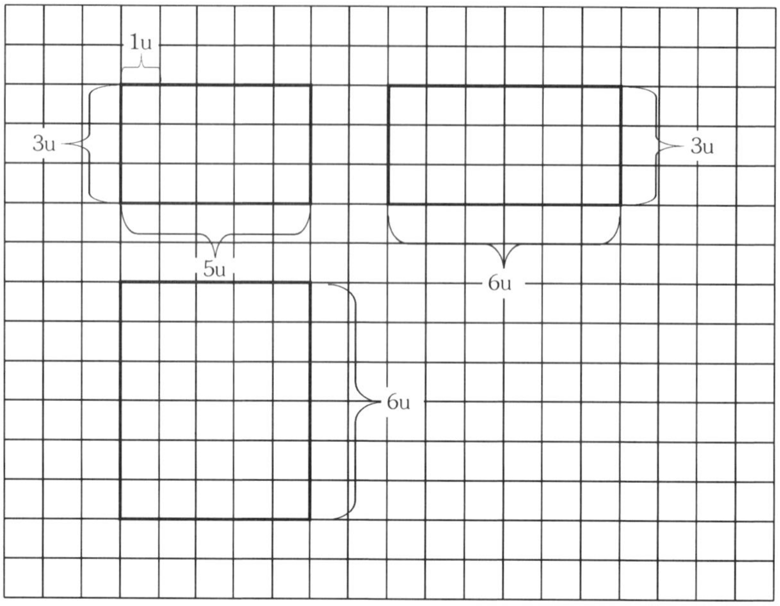

Figura 6.20 - Lateral esquerda representada.

6.1.5 Vistas Auxiliares

As vistas auxiliares são utilizadas para representar peças com faces inclinadas. Se representadas nas vistas ortográficas, essas peças ficariam deformadas e não representadas em suas verdadeiras grandezas. Veja na Figura a 6.21.

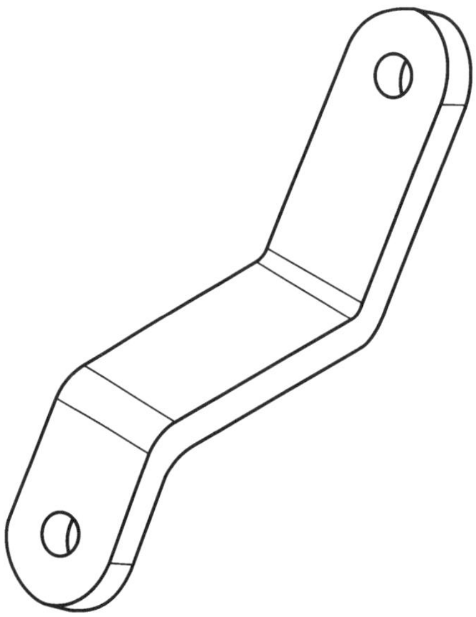

Figura 6.21 - Objeto de face inclinada.

Numa projeção ortogonal a vista lateral esquerda ficaria deformada e com linhas sobrepostas.

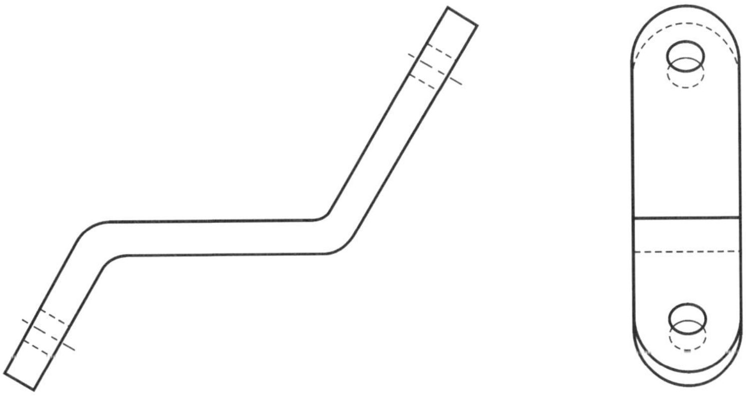

Figura 6.22 - Linhas sobrepostas.

As vistas auxiliares utilizam planos auxiliares. Na figura a seguir a vista foi projetada com base no plano indicado.

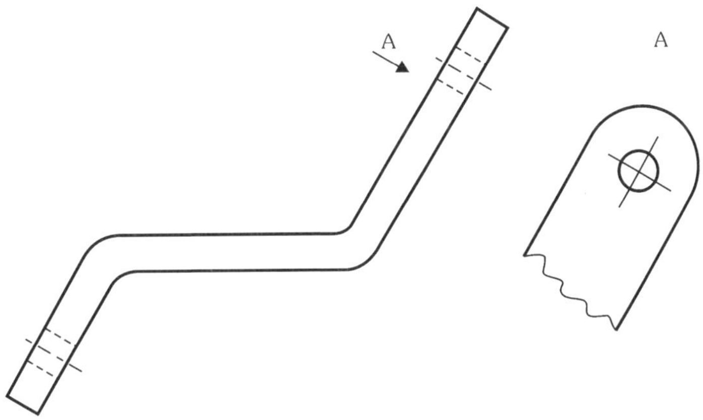

Figura 6.23 - Vista auxiliar.

6.1.6 Representação de Detalhes Repetidos

Em peças que possuem detalhes repetidos, no desenho técnico, não é necessário representar todos os detalhes. O desenho pode ser simplificado.

Por exemplo, veja a peça da Figura 6.24 que possui diversos furos.

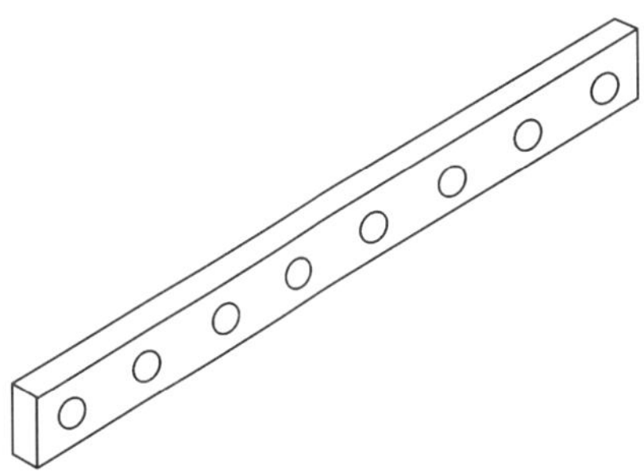

Figura 6.24 - Perfurações repetidas.

A representação simplificada pode ser como a da Figura 6.25.

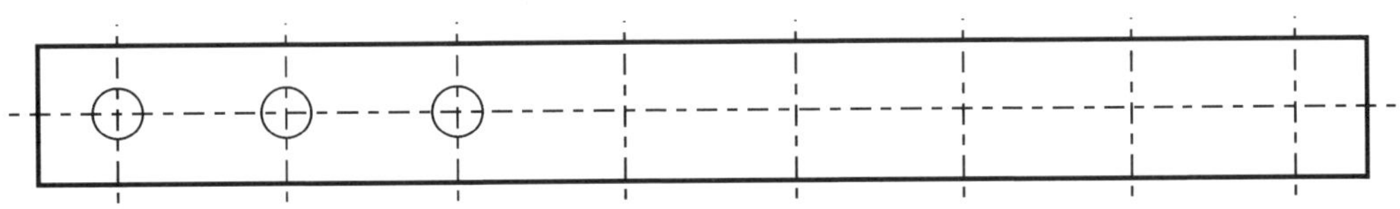

Figura 6.25 - Vista simplificada.

Veja um exemplo de uma peça circular na Figura 6.26.

A representação simplificada pode ser como a da Figura a 6.27.

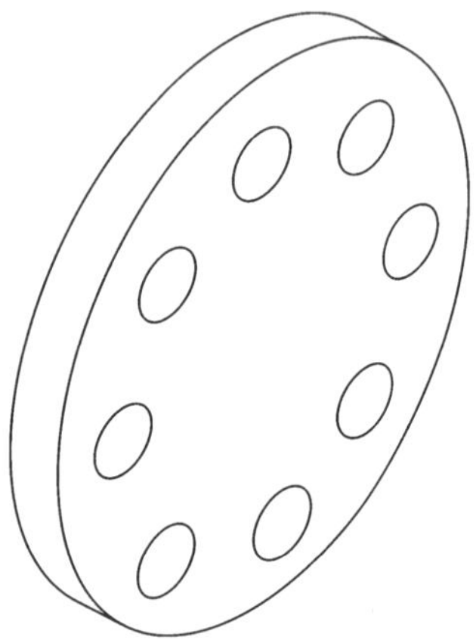

Figura 6.26 - Furações repetidas.

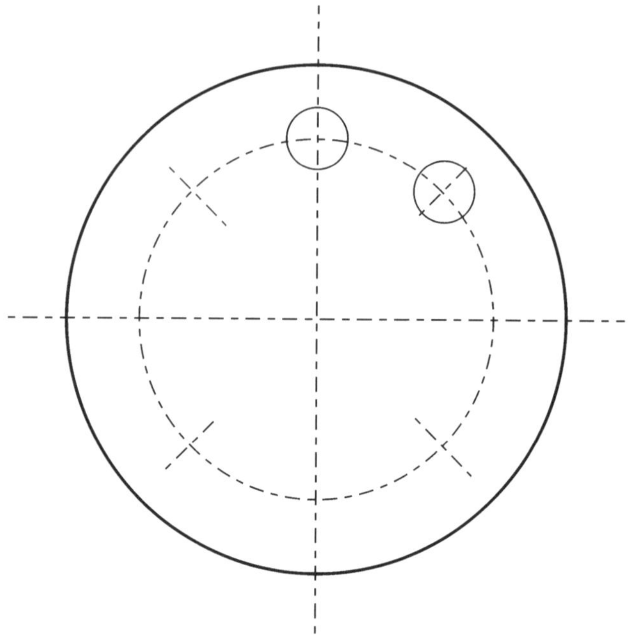

Figura 6.27 - Vista simplificada.

6.1.7 Vistas de Peças Simétricas

As peças simétricas podem ter sua representação simplificada, sendo considerada apenas uma parte. Para isso, deve-se utilizar uma linha de simetria composta de dois traços curtos, paralelos entre si e perpendiculares à extremidade da linha de simetria. Veja o exemplo da Figura 6.28.

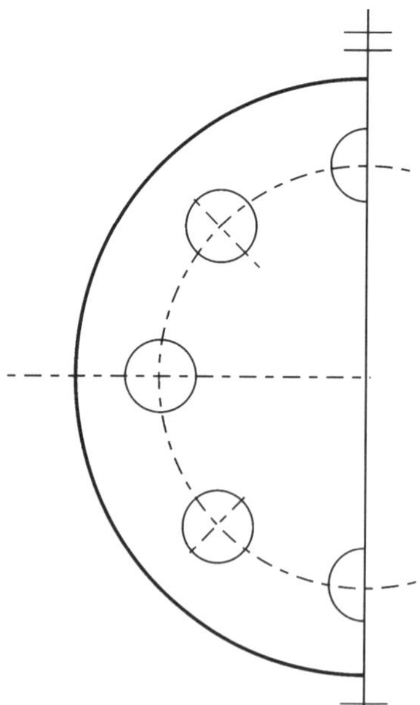

Figura 6.28 - Representação simplificada.

Exercícios

1. Dadas as vistas superior e frontal, representar a lateral esquerda da peça mostrada na Figura 6.29.

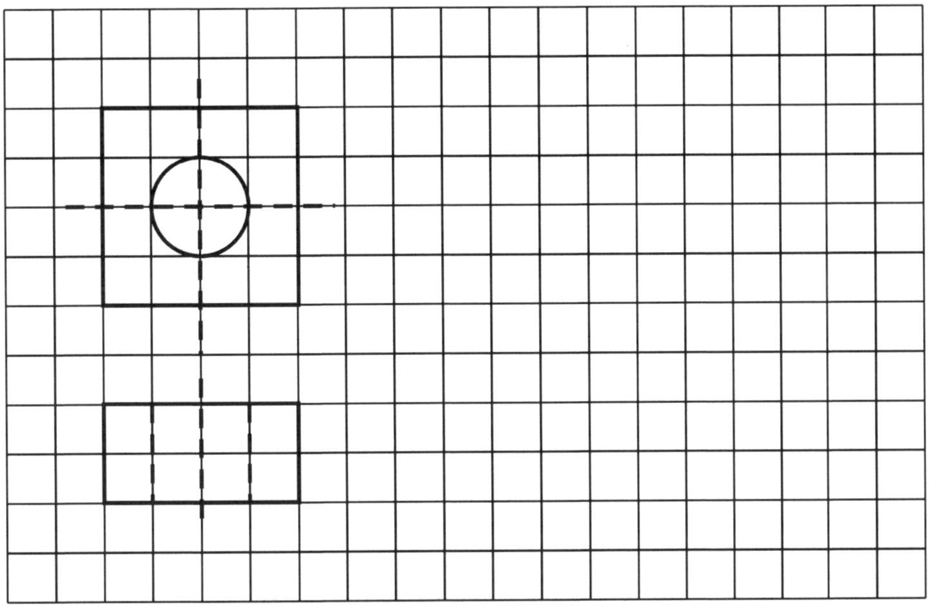

Figura 6.29 - Exercício 1: representar a lateral esquerda.

2. Dadas as vistas frontal e superior, representar a lateral esquerda.

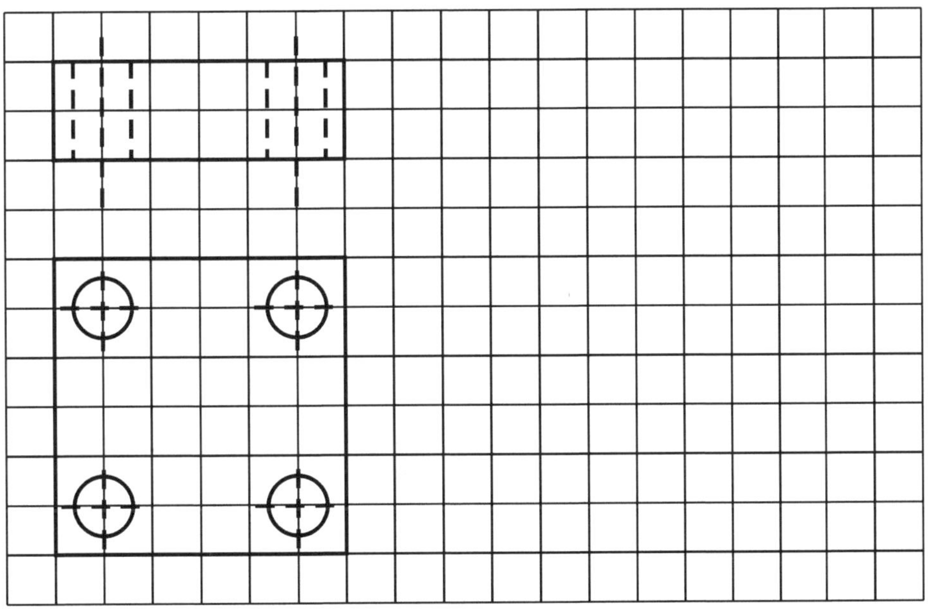

Figura 6.30 - Exercício 2: representar a lateral esquerda.

3. Dadas as vistas frontal e superior, representar a lateral esquerda.

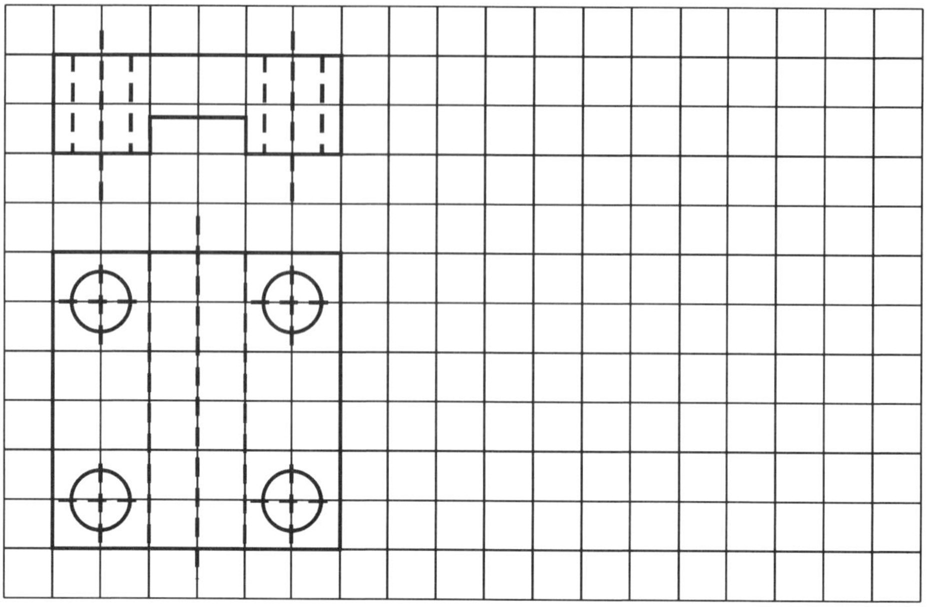

Figura 6.31 - Exercício 3: representar a lateral esquerda.

4. Representar a vista da peça simétrica a seguir.

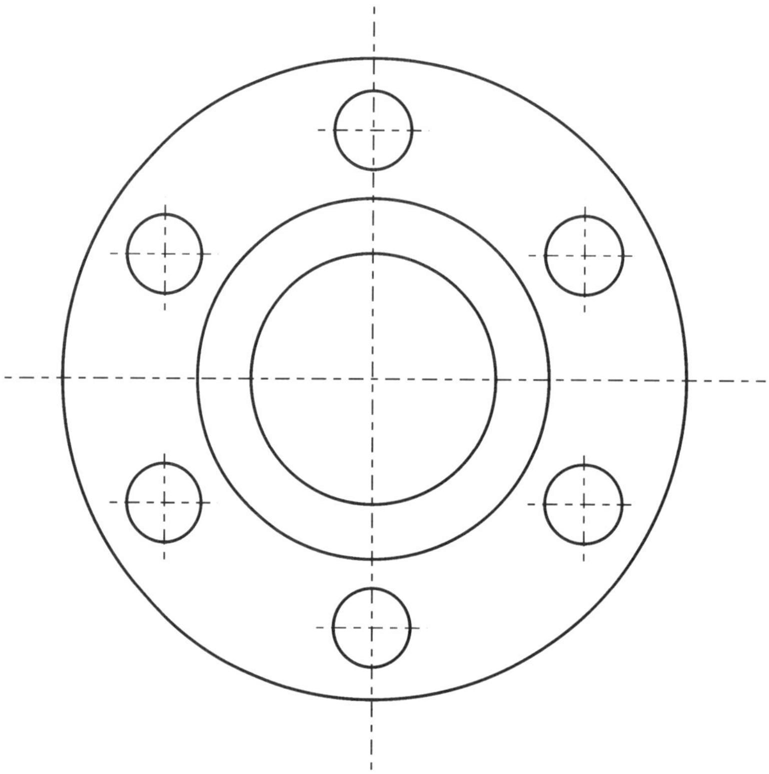

Figura 6.32 - Exercício 4: peça simétrica.

Resolução

5. Representar a peça a seguir de forma simplificada.

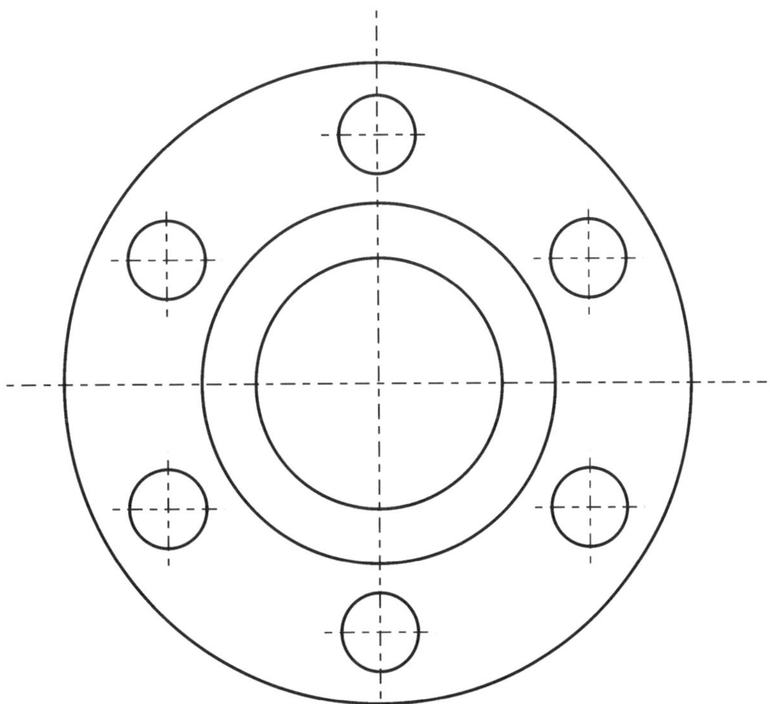

Figura 6.33 - Exercício 5: representar a vista simplificada.

Resolução

6.2 Perspectivas

A perspectiva é a representação em três dimensões de um objeto no plano. As perspectivas tratadas nos próximos itens são cavaleira, isométrica e bimétrica.

Para a representação das vistas isométricas, existem relações entre as medidas. Confira na tabela a seguir.

Relações					
Perspectivas	**Cavaleira**			**Isométrica**	**Bimétrica**
	30°	45°	60°		
Largura	1:1	1:1	1:1	1:4/5	1:1
Altura	1:1	1:1	1:1	1:4/5	1:1
Profundidade	1:2/3	1:1/2	1:1/3	1:4/5	1:1/2

A seguir são apresentadas as definições segundo a NBR 10209.

6.2.1 Perspectiva Cavaleira

A perspectiva cavaleira pode ser representada a 30°, 45° e 60°. É uma projeção axonométrica oblíqua na qual o plano de projeção é paralelo a um dos planos de coordenadas. As dimensões dos contornos principais do objeto situados na face paralela ao plano de projeção são apresentadas na mesma escala. Por convenção, a projeção segundo o terceiro eixo estará também na mesma escala (projeção axonométrica nonométrica).

Cavaleira 30°

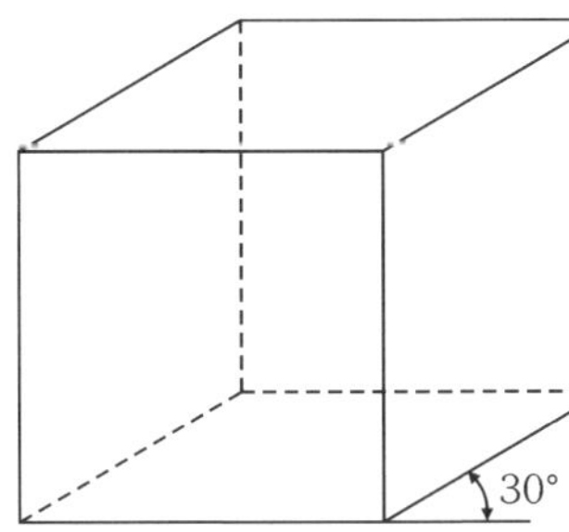

Figura 6.34 - Perspectiva cavaleira a 30°.

Cavaleira 45°

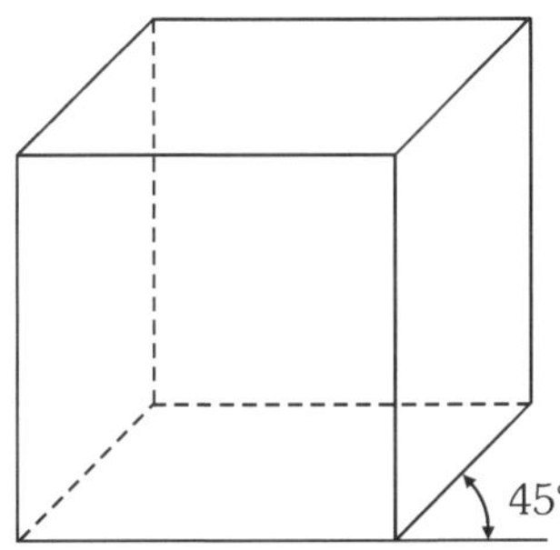

Figura 6.35 - Perspectiva cavaleira a 45°.

Cavaleira 60°

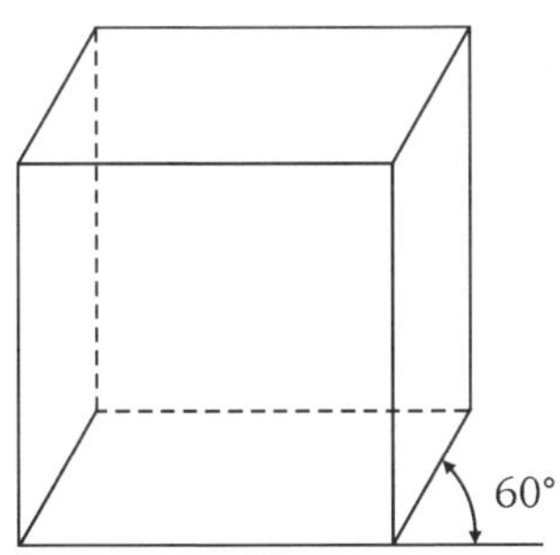

Figura 6.36 - Perspectiva cavaleira a 60°.

6.2.2 Perspectiva Isométrica

Representação axonométrica ortogonal na qual qualquer linha de projeção faz coordenadas com ângulos iguais em relação aos eixos de coordenadas. O plano de projeção intercepta os eixos de coordenadas com ângulos iguais; em consequência, as escalas dos três eixos são iguais (projeção axonométrica monométrica).

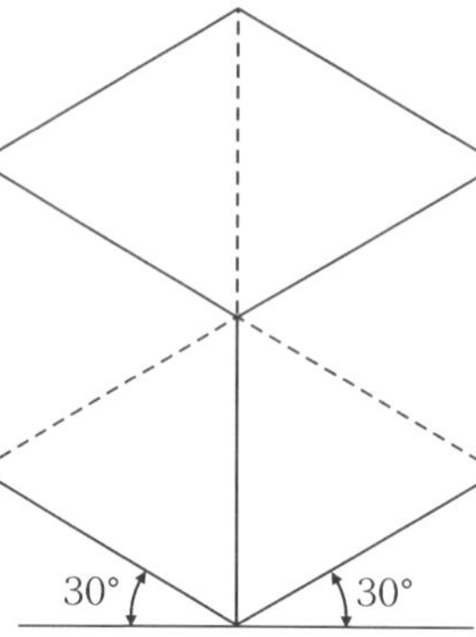

Figura 6.37 - Perspectiva isométrica.

Exercícios

1. Desenhar a vista isométrica da peça a seguir, considerando cada segmento da folha com 10 mm.

Figura 6.38 - Vista isométrica.

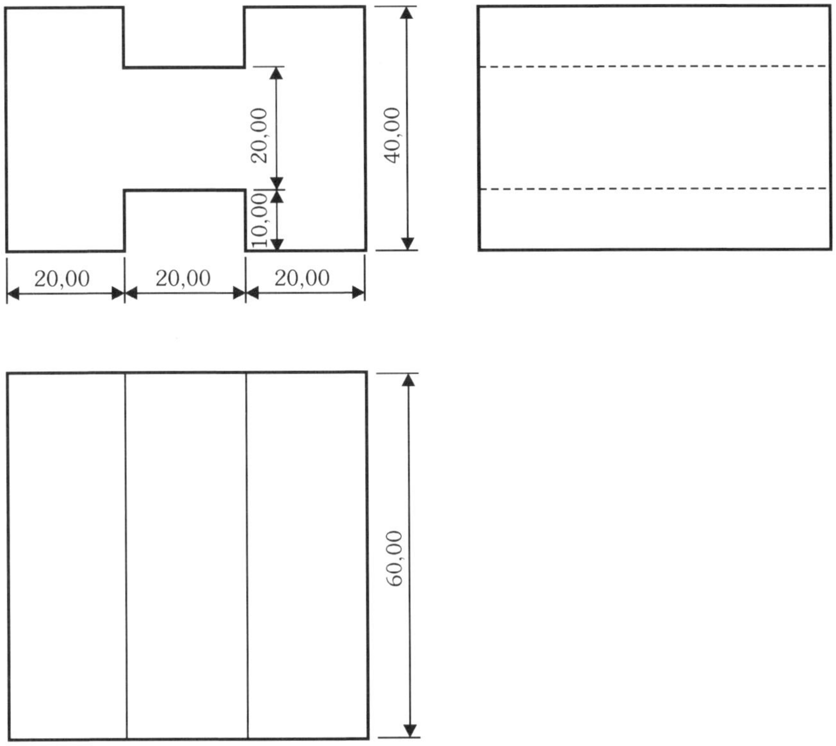

Figura 6.39 - Vistas.

Figura 6.40 - Espaço para resolução.

2. Dadas as vistas a seguir, representar a vista isométrica da peça.

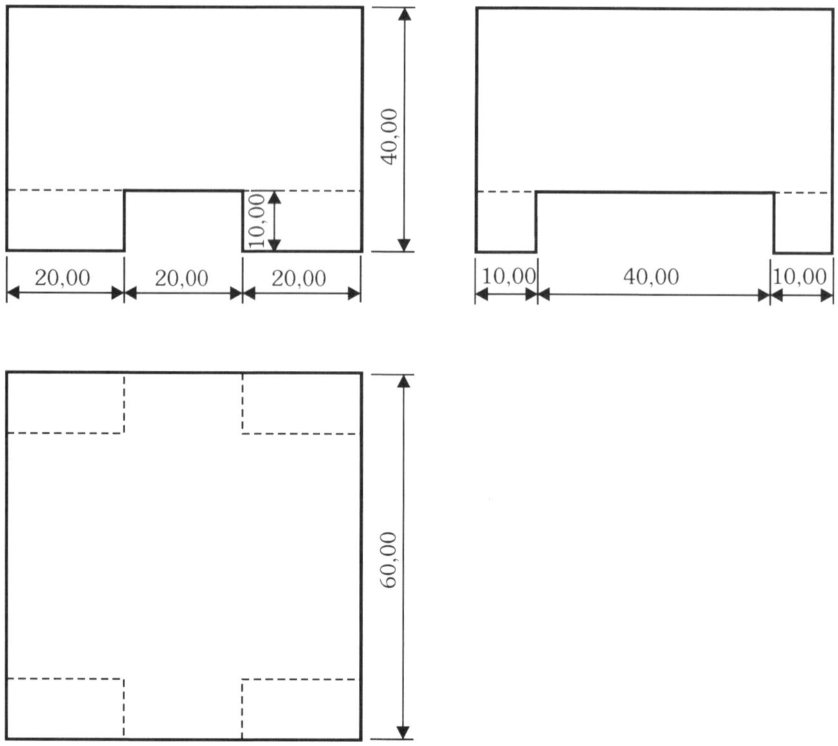

Figura 6.41 - Vistas.

Figura 6.42 - Espaço para resolução.

3. Dadas as vistas a seguir, representar a vista isométrica da peça.

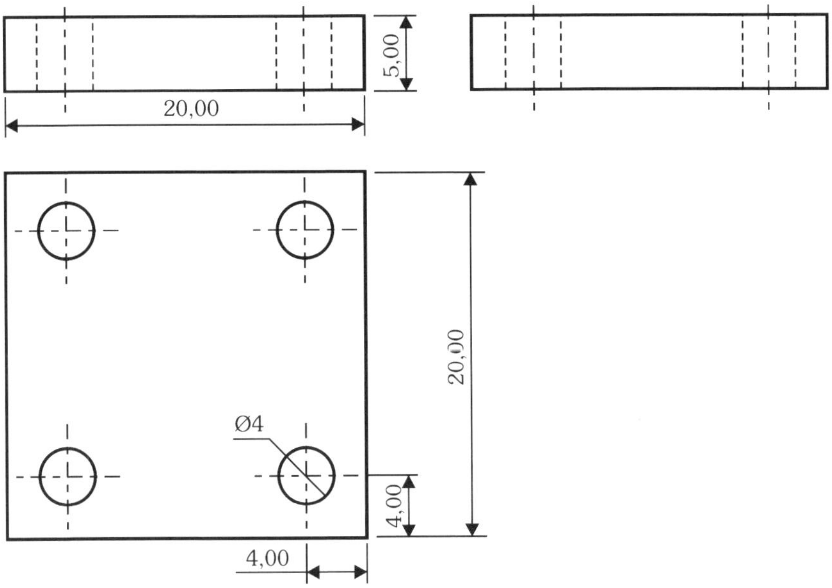

Figura 6.43 - Vistas.

Figura 6.44 - Espaço para resolução.

6.2.3 Perspectiva Bimétrica

A perspectiva bimétrica é hoje pouco empregada. Seu uso principal é em peças que têm uma face preponderante sobre as outras. Representação axonométrica na qual as escalas de dois dos eixos de coordenadas são idênticas, com uma escala diferente para o terceiro eixo.

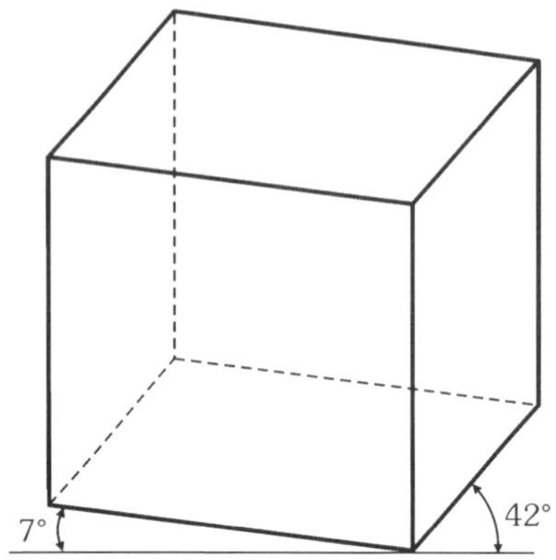

Figura 6.45 - Perspectiva bimétrica.

6.2.4 Perspectiva Isométrica de Circunferências

Para a representação de circunferências em perspectivas isométricas, são utilizadas elipses. Este item mostra como traçar perspectivas isométricas de circunferências utilizando o método de Stevens.

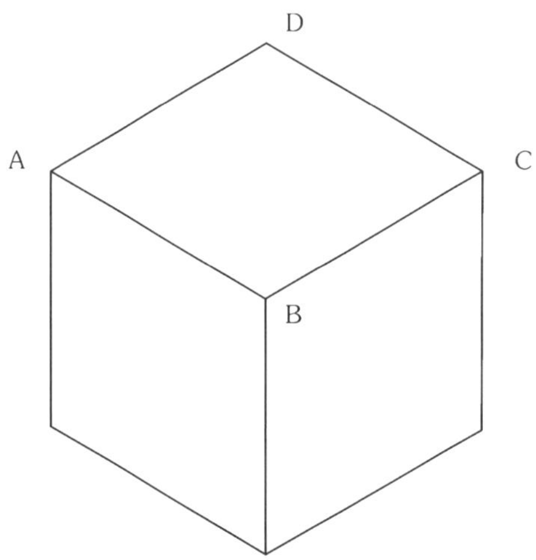

Figura 6.46 - Cubo.

Os pontos AC estão mais próximos que os pontos BD.

Traçar um arco com centro em B com início no ponto médio do segmento AD e fim no ponto médio do segmento CD.

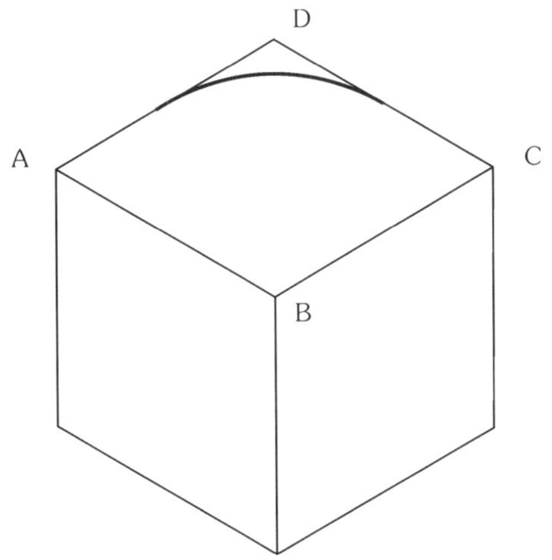

Figura 6.47 - Traçado de arco.

Traçar um arco com centro em D com início no ponto médio do segmento AB e fim no ponto médio do segmento BC.

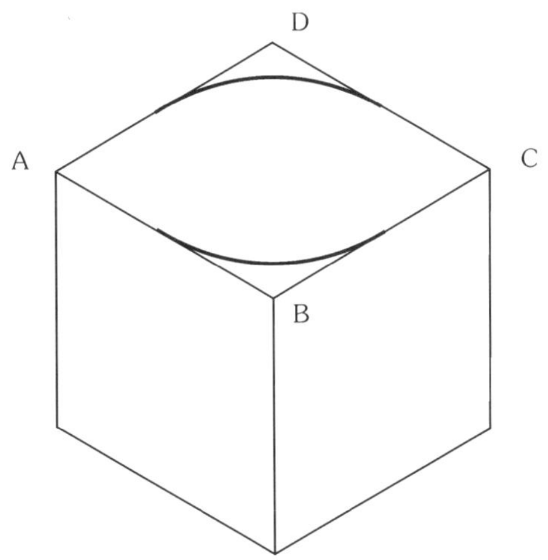

Figura 6.48 - Traçado de arco com centro em D.

Traçar as retas DB e AC encontrando nas intersecções os pontos E e F.

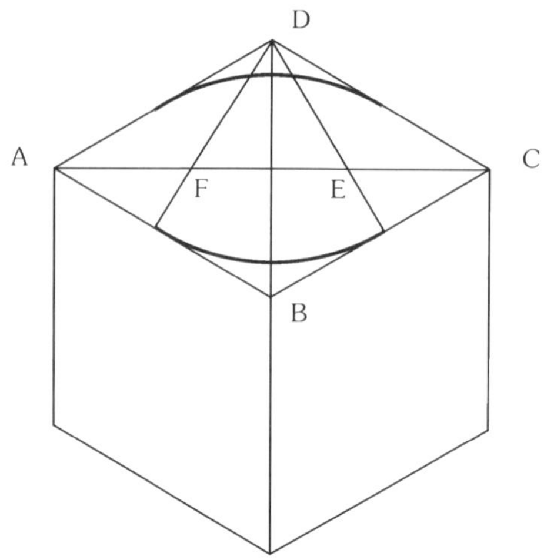

Figura 6.49 - Traçado de retas.

Traçar um arco de centro E com início no ponto médio do segmento BC e fim no ponto médio do segmento CD.

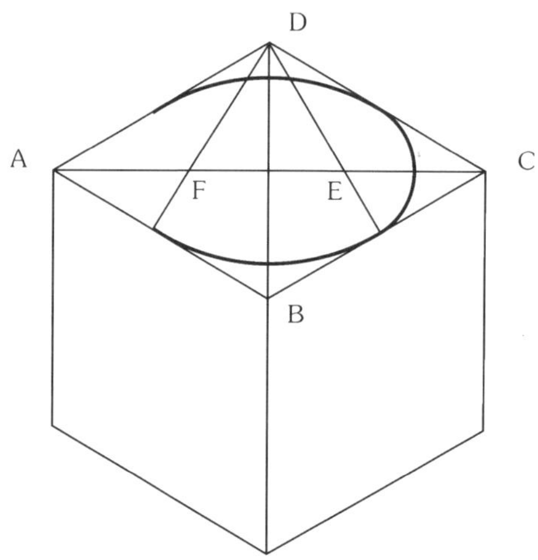

Figura 6.50 - Traçado de arco com centro em E.

Traçar um arco de centro F com início no ponto médio do segmento AB e fim no ponto médio do segmento AD. A representação está finalizada neste plano.

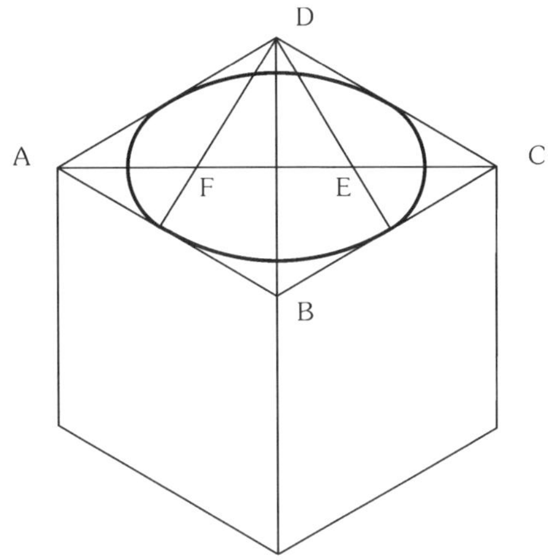

Figura 6.51 - Traçado de arco com centro em F.

O mesmo processo é repetido para as outras faces. Veja o resultado:

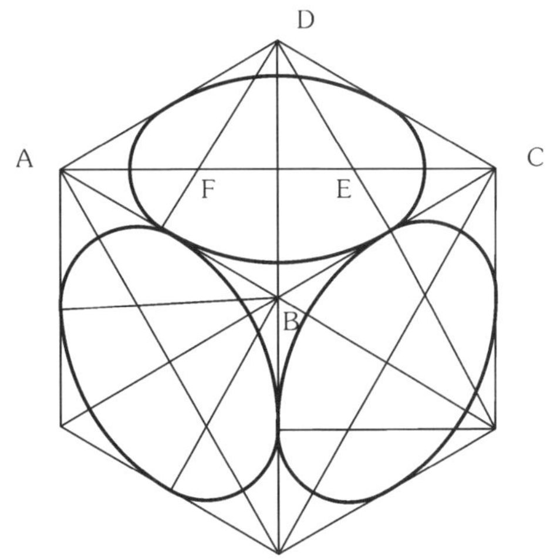

Figura 6.52 - Resultado final.

Exercício

1. Representar as circunferências em perspectiva isométrica nas três faces do cubo a seguir, respeitando as instruções do item anterior.

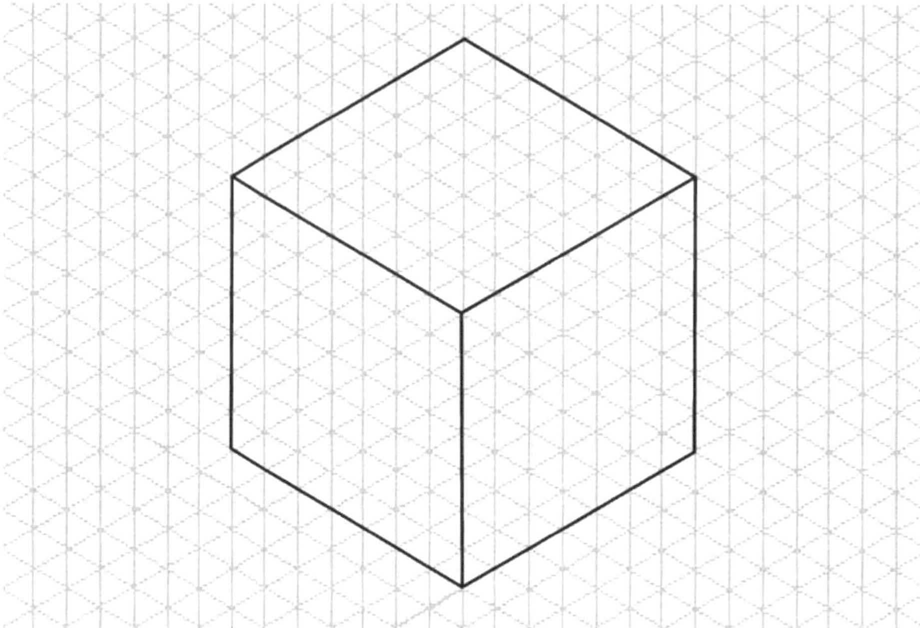

Figura 6.53 - Espaço para resolução.

capítulo 7

Cortes

7.1 Representação de Vistas em Cortes

Nos desenhos técnicos, além da representação da parte externa das peças, muitas vezes é necessário detalhar a parte interna. Para isso utilizam-se cortes nas peças.

7.1.1 Tipos de Cortes

Para o detalhamento da parte interna existem vários tipos de cortes, tais como corte total, meio corte, corte parcial e corte em desvio.

Corte Total

A peça é cortada em sua totalidade usando um plano de corte. Veja na figura a seguir um plano de corte representado pela linha traço e ponto, que atravessa toda a peça e gera a vista A-A.

A parte maciça da peça é representada por uma hachura.

Cada tipo de material é representado por uma hachura diferente. A utilização de hachuras é explicada no item 7.1.2. Por enquanto é suficiente saber que as hachuras devem ter uma inclinação de 45°.

Para facilitar o entendimento do corte, deve-se imaginar que a peça está cortada e o observador olha a peça na direção indicada pelas setas.

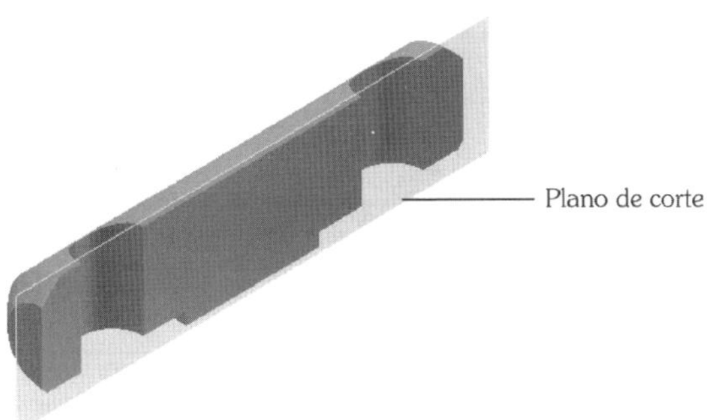

Figura 7.1 - Exemplo de plano de corte.

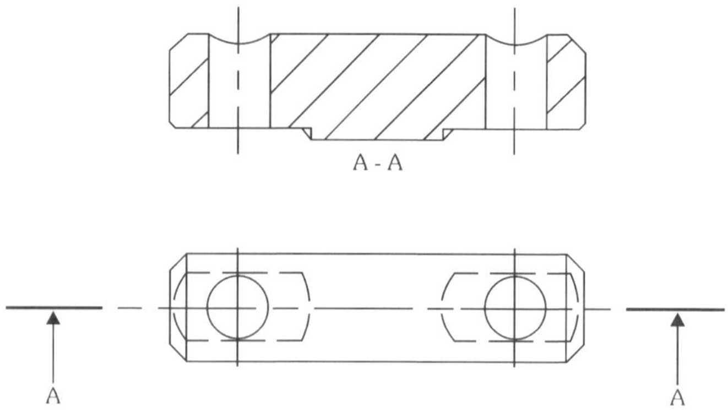

Figura 7.2 - Corte A-A.

Dependendo da complexidade da peça, pode ser necessário representar mais de um corte num mesmo modelo.

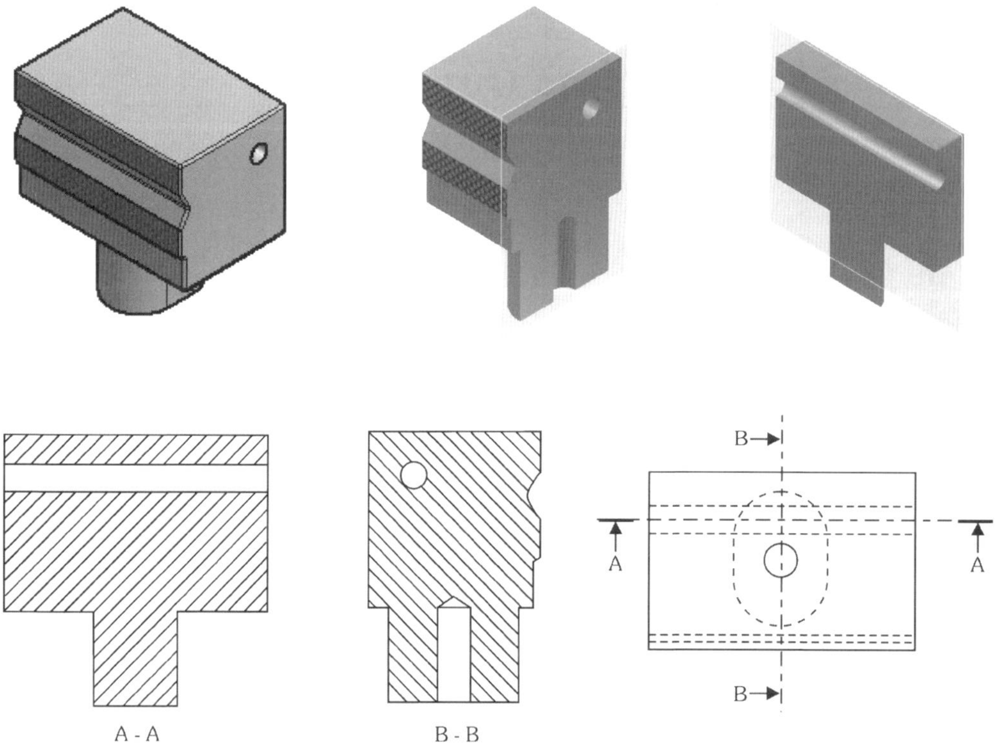

Figura 7.3 - Cortes em um mesmo modelo.

Meio Corte

Esse tipo de corte é geralmente utilizado para peças simétricas, em que apenas metade da peça é mostrada em corte, a outra metade permanece em vista. Não é necessário fazer nenhum tipo de indicação adicional para esse tipo de corte.

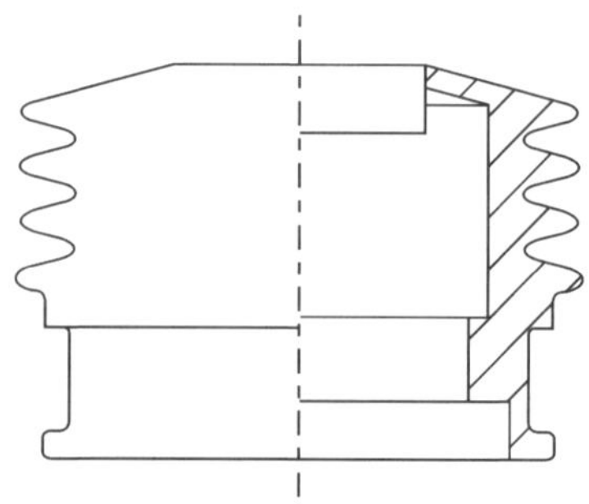

Figura 7.4 - Exemplo de meio corte.

Corte Parcial

É utilizado para focalizar uma parte interna específica da peça. A linha que representa esse corte pode ser contínua à mão livre ou em zigue-zague.

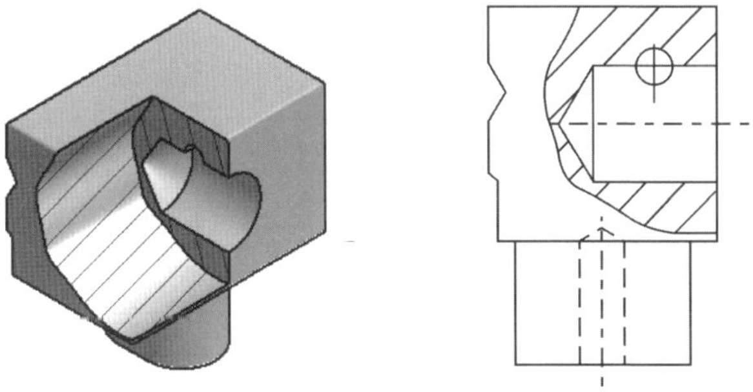

Figura 7.5 - Exemplo de corte parcial.

Corte em Desvio

O tipo de corte em desvio é utilizado para que possam ser mostrados alguns detalhes desejados através de mais de um plano de corte. Isso ocorre com peças cujos detalhes estão desalinhados.

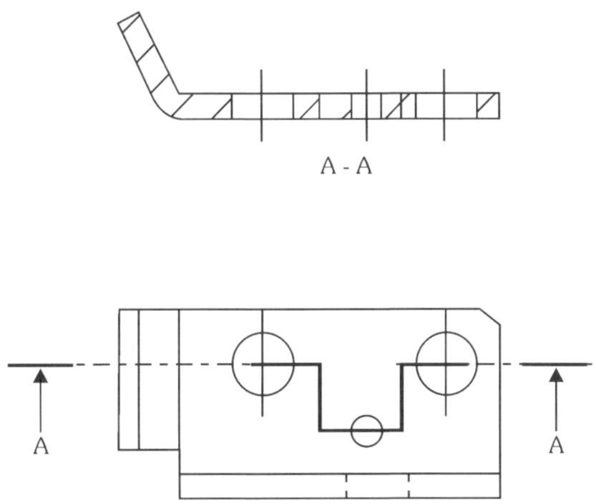

Figura 7.6 - Exemplo de corte em desvio.

7.1.2 Hachuras

Segundo a definição da NBR 12298:1995, hachuras são linhas ou figuras com o objetivo de representar tipos de materiais em áreas de corte em desenho técnico.

A identificação de cortes nas peças é realizada através de hachuras, porém não se deve hachurar nos cortes, no sentido longitudinal, os seguintes elementos: dentes de engrenagens, parafusos, porcas, eixos, raios de roda, nervuras, pinos, arruelas, contrapinos, rebites, chavetas, volantes e manípulos.

De maneira geral a hachura deve ser utilizada como na Figura 7.7.

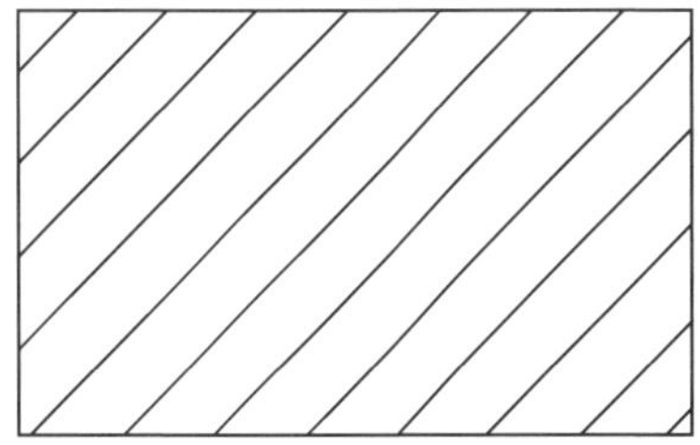

Figura 7.7 - Exemplo de hachura.

As linhas das hachuras devem ser finas, conforme mostra o item 3.1.1 do capítulo 3, e devem estar inclinadas a 45° com relação às linhas de contorno principais ou os eixos de simetria e o espaçamento entre linhas de no mínimo 0,7 mm, Figura 7.8.

Numa mesma peça as hachuras devem ter sempre a mesma direção, Figura 7.9.

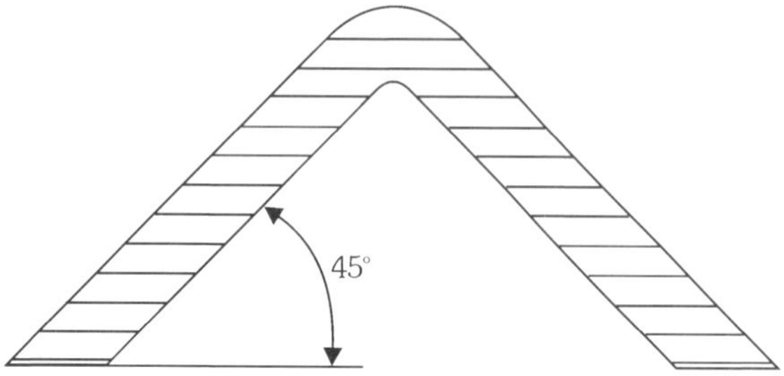

Figura 7.8 - Exemplo de inclinação.

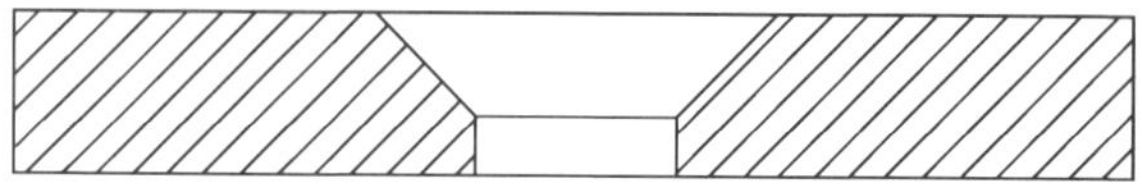

Figura 7.9 - Direção da hachura.

Quando se trata de uma montagem, as hachuras das peças adjacentes devem ter direções ou espaçamentos diferentes. O mesmo se aplica para uma mesma peça soldada, rebitada ou colada.

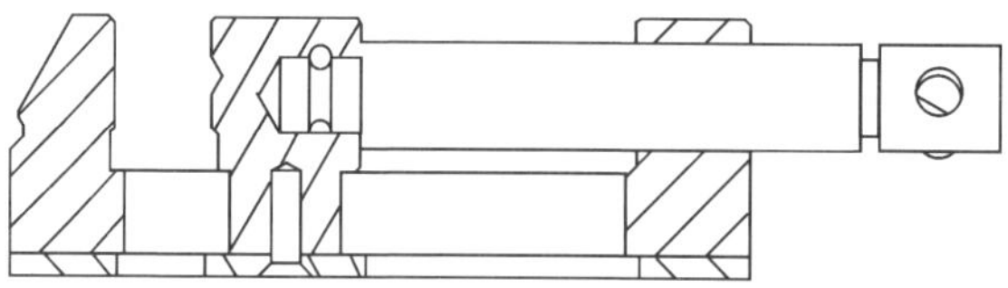

Figura 7.10 - Hachuras em montagens.

Algumas vezes é necessário colocar textos dentro da área hachurada. Nestes casos a hachura deve ser interrompida na região do texto.

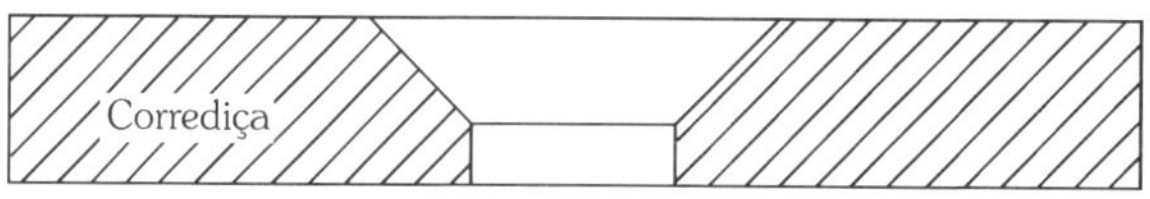

Figura 7.11 - Textos dentro da área de hachura.

Quando a área a ser hachurada é muito grande, pode-se aplicar a hachura somente no contorno da peça e deixar o restante em branco.

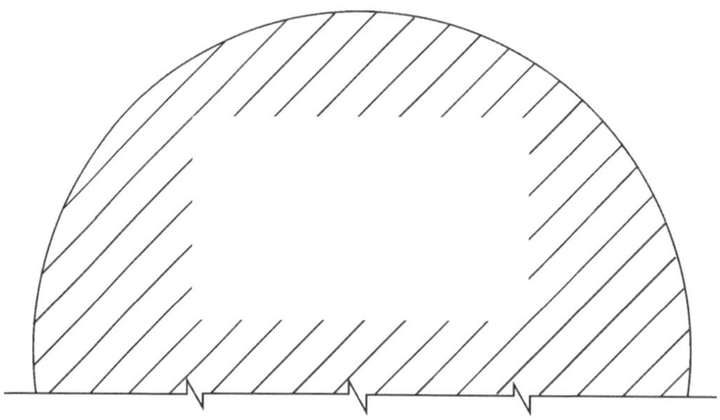

Figura 7.12 - Área de hachura grande.

No caso de peças muito finas, em vez de hachurar, deve-se enegrecer a seção. Caso seja um conjunto, as peças devem ter um espaço em branco de 0,7 mm no mínimo para facilitar a visualização.

Figura 7.13 - Peça enegrecida.

A menos em casos especiais, não se representa linhas invisíveis nas áreas hachuradas.

Dependendo do tipo de material a ser representado, deve-se utilizar um tipo específico de hachura. Veja a Tabela 7.1.

Tabela 7.1 - Tipos de hachuras.

Hachura	**Material**
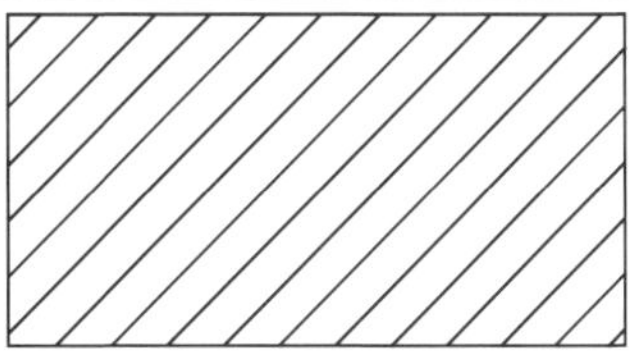	Metal
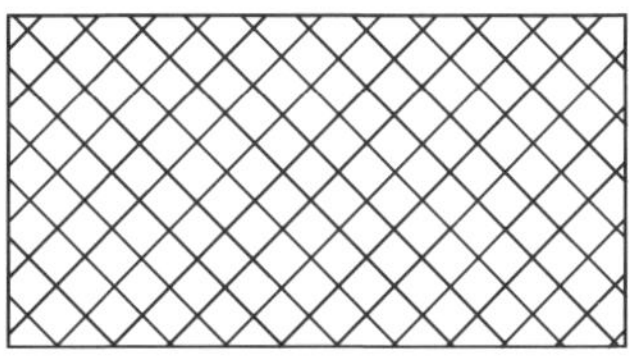	Elastômero, vidros, cerâmica e rochas
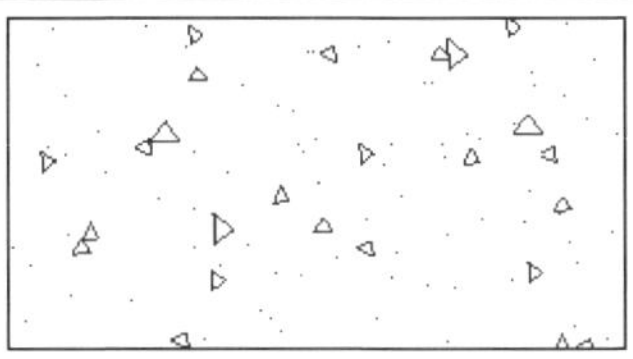	Concreto
	Líquido
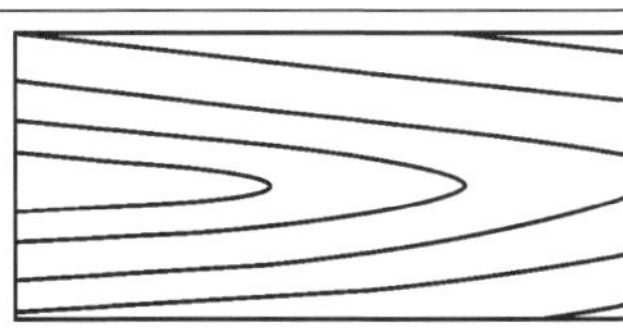	Madeira
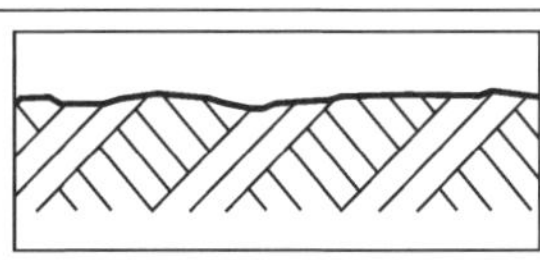	Terra

Exercícios

1. Quais peças não devem ser hachuradas no sentido longitudinal?

2. Representar os tipos de hachura de acordo com cada tipo de material:

Metal	
Elastômero, vidros, cerâmica e rochas	
Concreto	
Líquido	
Madeira	
Terra	

3. Qual a inclinação recomendada para representação das linhas da hachura?

4. O que se deve fazer no caso de áreas muito grandes a serem hachuradas?

5. Colocar o texto "**Material**" dentro da área hachurada.

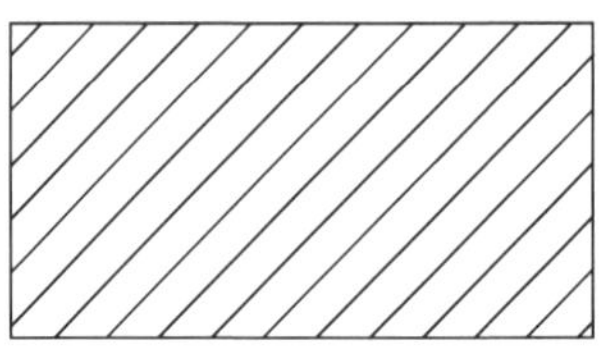

6. Representar a vista em corte da peça seguinte, a partir da vista identificada.

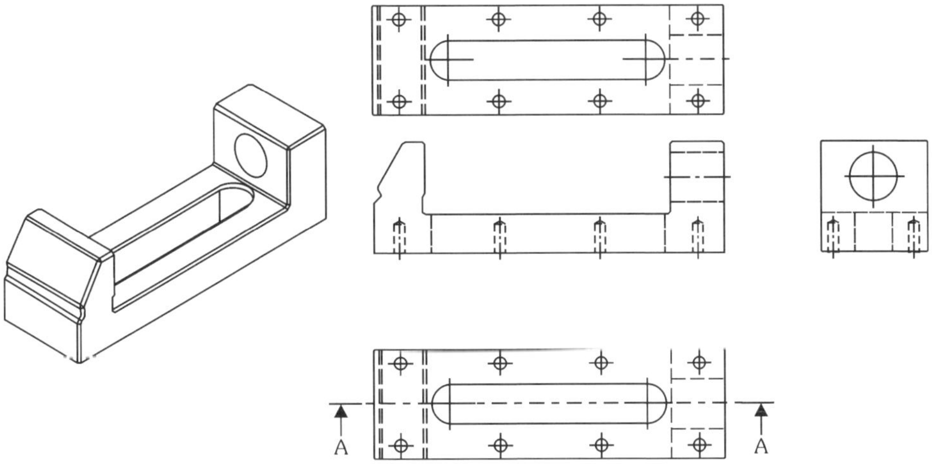

7. Representar o meio corte da peça seguinte:

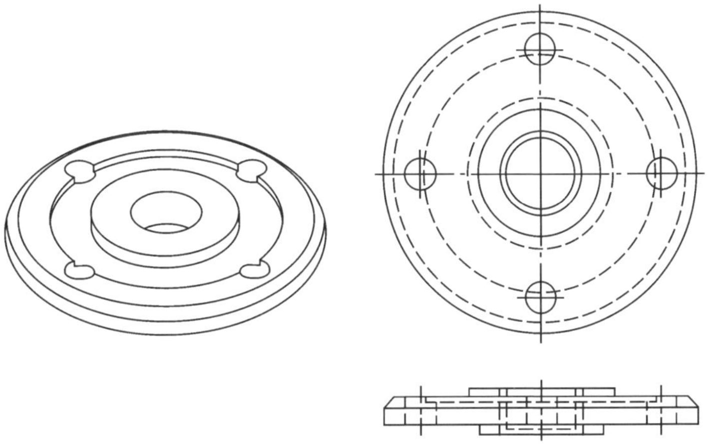

Anotações

capítulo

8

Cotagem

8.1 Sistema de Cotagem

Segundo a NBR 10126:1987, cotagem é a representação gráfica no desenho da característica do elemento através de linhas, símbolos, notas e valor numérico numa unidade de medida.

As cotas são utilizadas para demonstrar as medidas de um objeto, indicando sua verdadeira grandeza sem a necessidade de utilização de instrumentos de medição.

A cotagem deve ser representada diretamente no desenho e localizada na vista mais representativa.

A unidade utilizada deve ser a mesma para todas as cotas, por exemplo, se for definida a utilização de milímetros, então todas as medidas devem ser representadas em milímetros (mm).

Não se deve repetir a cotagem numa mesma peça.

8.1.1 Tipos de Cotas

As cotas podem ser funcional, não funcional e auxiliar.

As cotas funcionais (F) são essenciais para o funcionamento da peça, as não funcionais (NF) não interferem diretamente no funcionamento da peça. Geralmente essas cotas não são inspecionadas e as auxiliares (AUX) são apenas informativas, são derivadas de outros valores já apresentados no desenho e servem para evitar cálculos. Estas não devem conter tolerâncias indicadas, conforme a Figura 8.1.

As cotas funcionais podem ser representadas direta ou indiretamente. A Figura 8.2 exemplifica as cotas diretas e a Figura 8.3 as indiretas. Na cotagem indireta obtêm-se as dimensões efetuando cálculos das medidas fornecidas.

A Figura 8.4 mostra uma cota auxiliar.

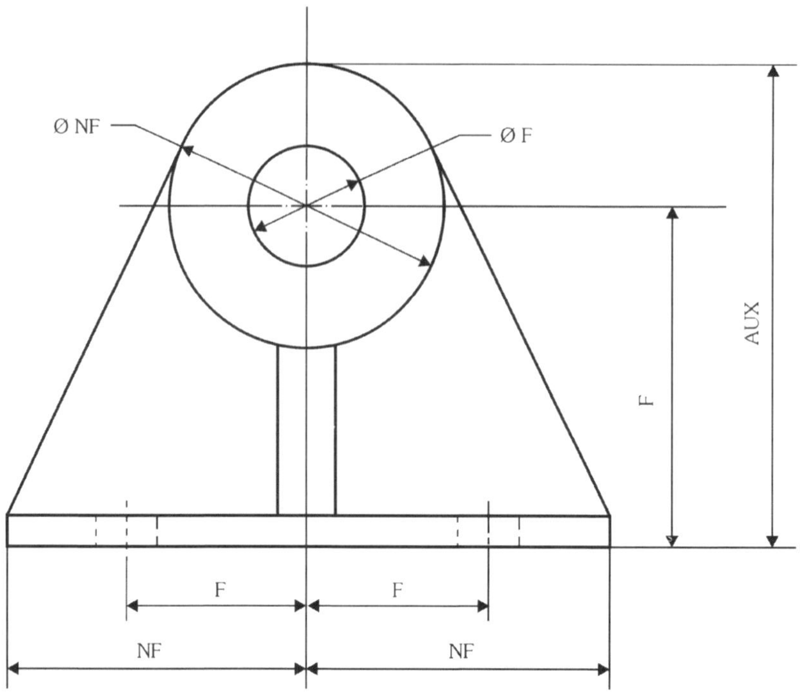

Figura 8.1 - Exemplos de cotas funcionais (F), não funcionais (NF) e auxiliares (AUX).

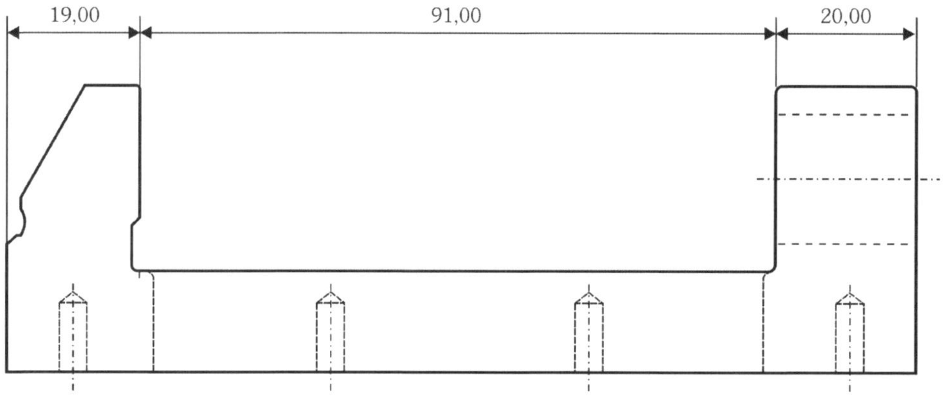

Figura 8.2 - Cotagem direta.

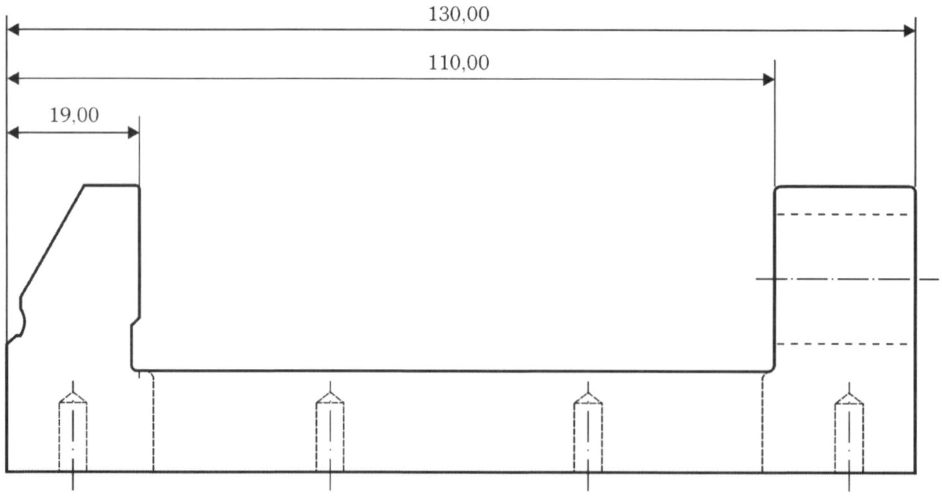

Figura 8.3 - Cotagem indireta.

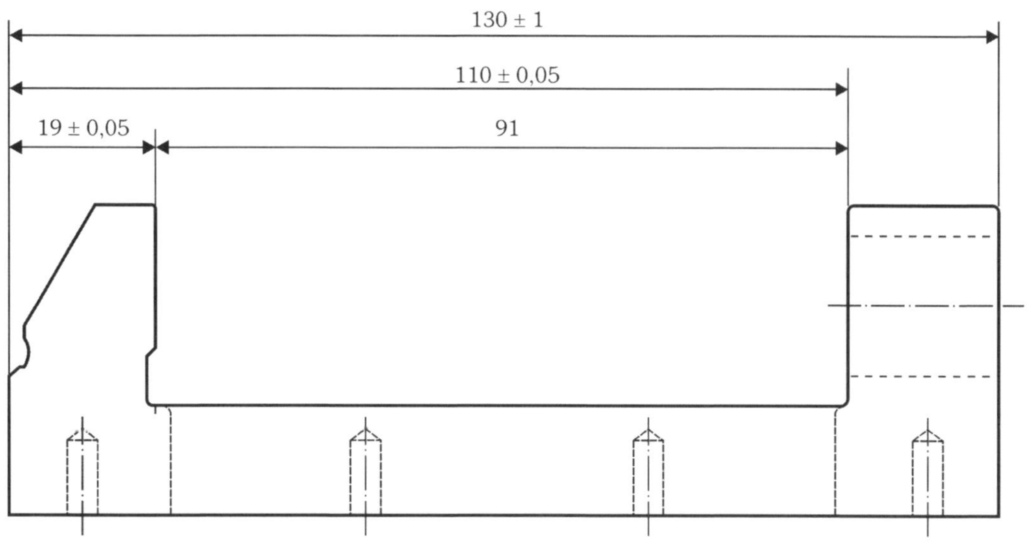

Figura 8.4 - Cota auxiliar.

8.1.2 Elementos Básicos para Cotagem

Para cotar um elemento, deve-se utilizar os seguintes elementos de cotagem: linha auxiliar, linha de cota, limite da linha de cota e cota.

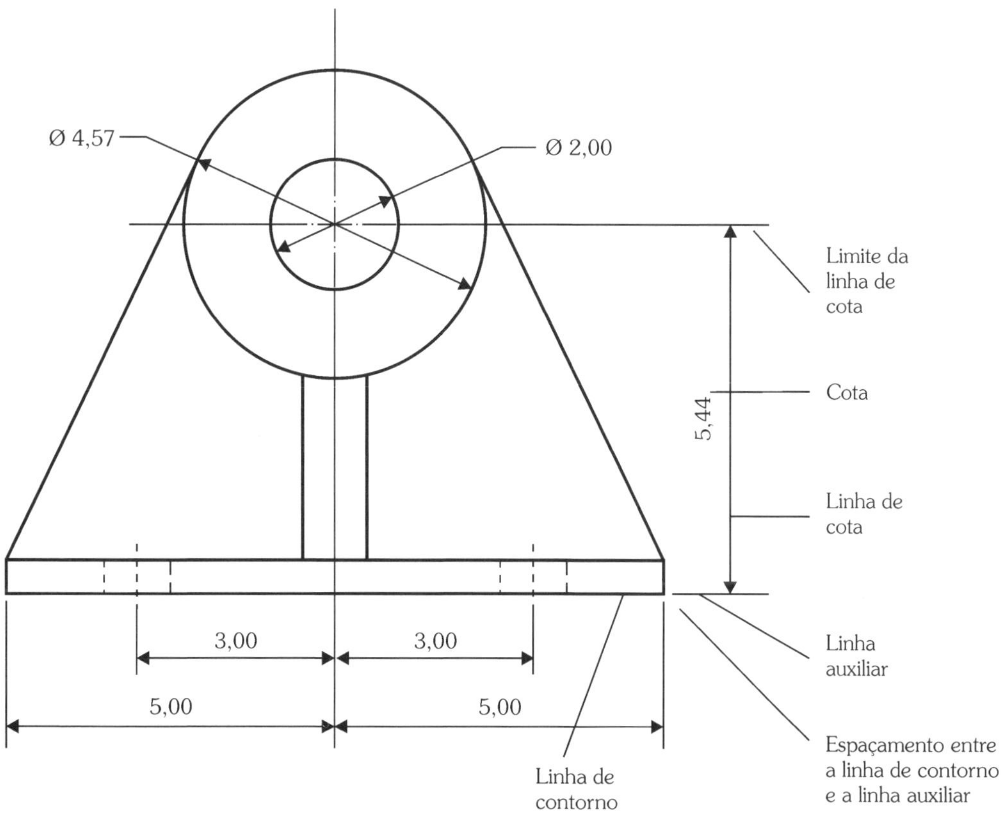

Figura 8.5 - Exemplos de elementos de cotagem.

- **Linha auxiliar:** é estreita e contínua. É preciso se estender um pouco além da linha de cota. Deve haver um espaço entre a linha de contorno da peça e a linha auxiliar.

  As linhas auxiliares devem ser perpendiculares ao elemento que está sendo dimensionado, mas em caso de necessidade, podem ser inclinados em 60°.

  Deve-se evitar o cruzamento das linhas auxiliares com outras linhas e pode-se utilizar linhas de centro, eixos, arestas e contornos das peças como linhas auxiliares.

- **Linha de cota:** não deve ser interrompida mesmo que o elemento cotado esteja. É necessário evitar o cruzamento entre as linhas de cota e auxiliares, mas se isso ocorrer, as linhas não devem ser interrompidas no ponto de cruzamento. As linhas de centro e de contorno não podem ser utilizadas como linhas de cota.

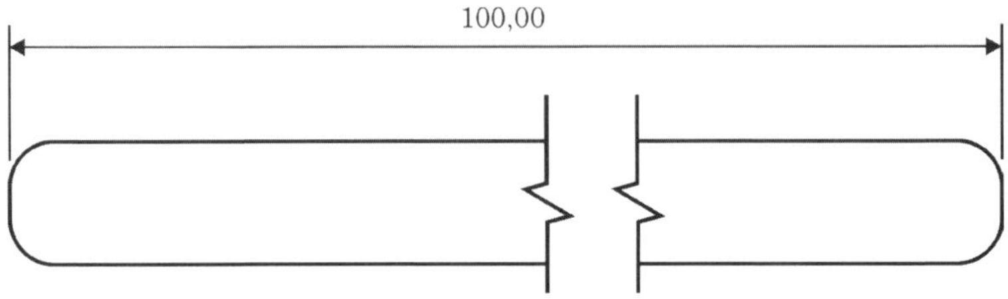

Figura 8.6 - Elemento cortado.

- **Limite da linha de cota:** podem ser representadas por setas cujas linhas formam um ângulo de 15°, podendo a seta ser aberta ou fechada e cheia, ou pode-se, também, utilizar linhas oblíquas a 45°. Não se deve misturar diversos tipos de linha de cota num mesmo desenho.

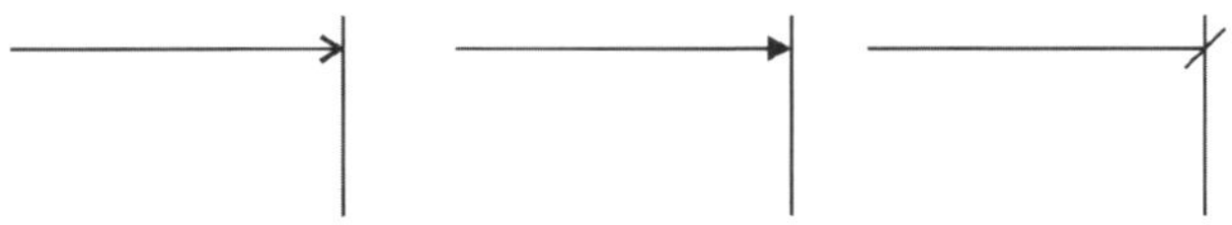

Figura 8.7 - Tipos de limite.

As setas que limitam a linha de cota podem ficar dentro ou fora das linhas auxiliares, dependendo do espaço disponível. Veja os exemplos apresetados nas Figuras 8.8a e 8.8b.

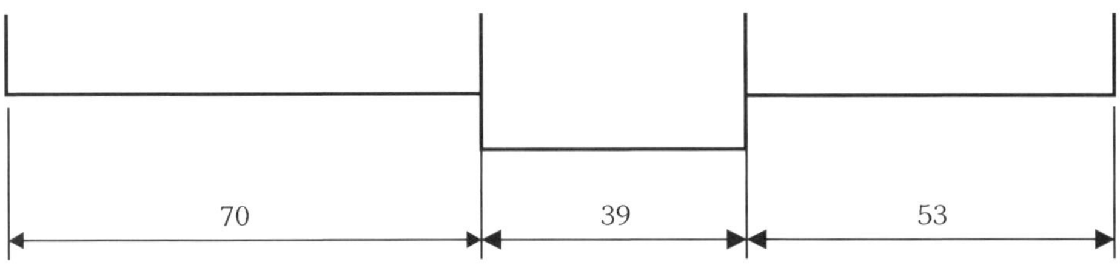

Figura 8.8a - Setas por dentro.

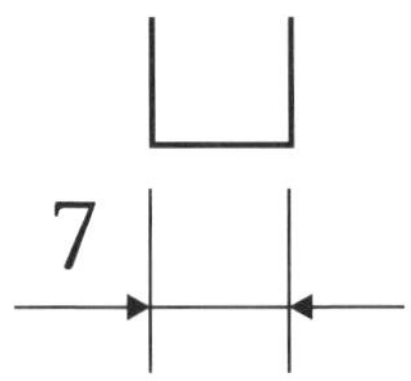

Figura 8.8b - Setas por fora.

- **Cota:** deve-se evitar cruzar a cota (texto) com outras linhas. Existem dois métodos de cotagem, porém deve ser escolhido somente um para um mesmo desenho.

Método 1

- Posicionar as cotas acima e paralelamente às linhas de cotas, mantendo-as centralizadas.

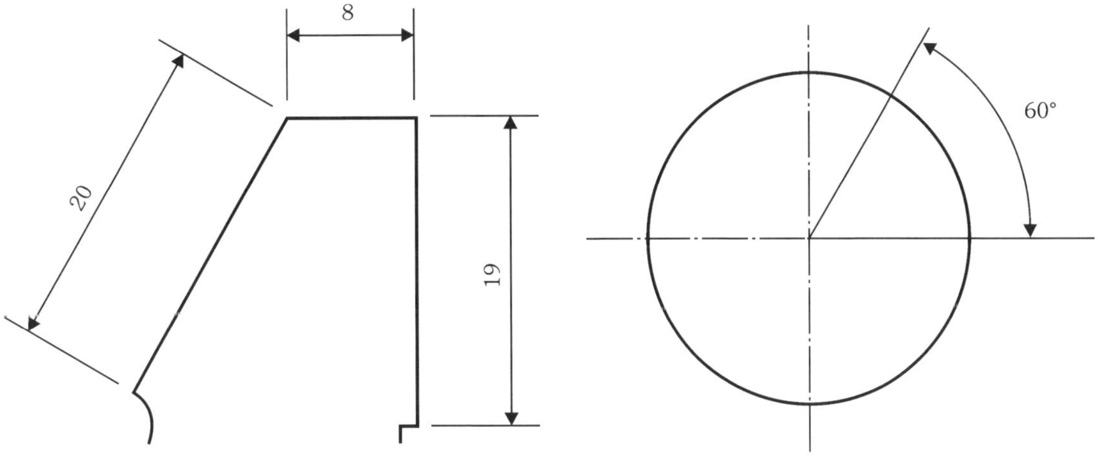

Figura 8.9 - Texto acima da linha de cota.

Método 2

- As cotas devem ser posicionadas no meio da linha de cota que deve estar interrompida.

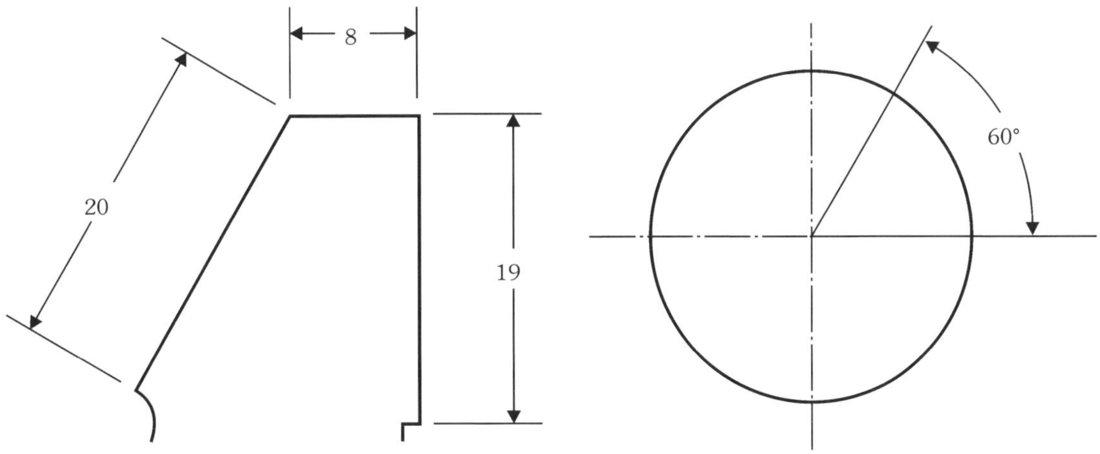

Figura 8.10 - Texto no meio da linha de cota.

Outra Localização

Dependendo da situação, pode-se utilizar outra posição para a cota. É possível colocá-la sobre o prolongamento da linha de cota devido à falta de espaço, Figura 8.11.

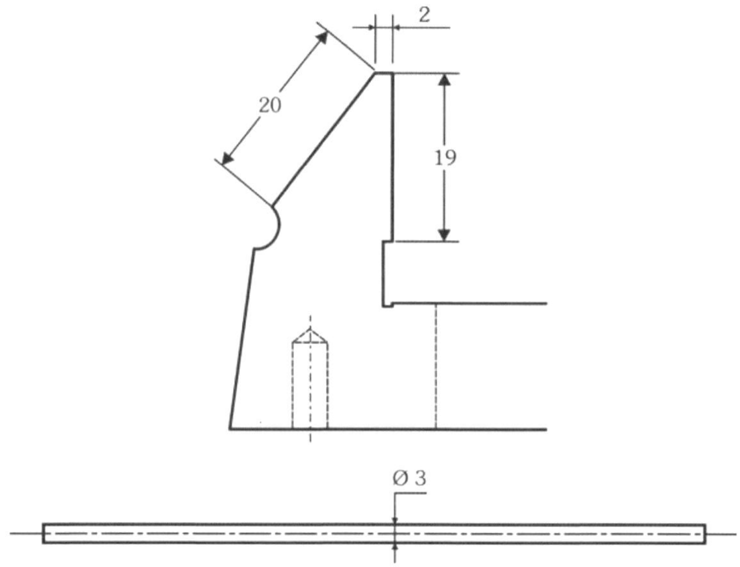

Figura 8.11 - Outras posições.

Cotas Fora de Escala

Caso seja necessário desenhar uma peça fora de escala, a cota deve ser sublinhada.

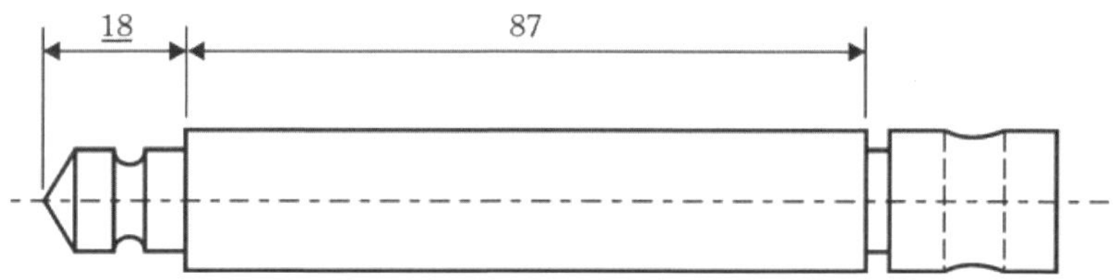

Figura 8.12 - Cotas fora de escala.

Simbologias

Para facilitar a interpretação, podem ser utilizadas as seguintes simbologias como prefixo das cotas:

Tabela 8.1 - Simbologia.

∅	Diâmetro
R	Raio
□	Quadrado
∅ ESF	Diâmetro esférico
R ESF	Raio esférico

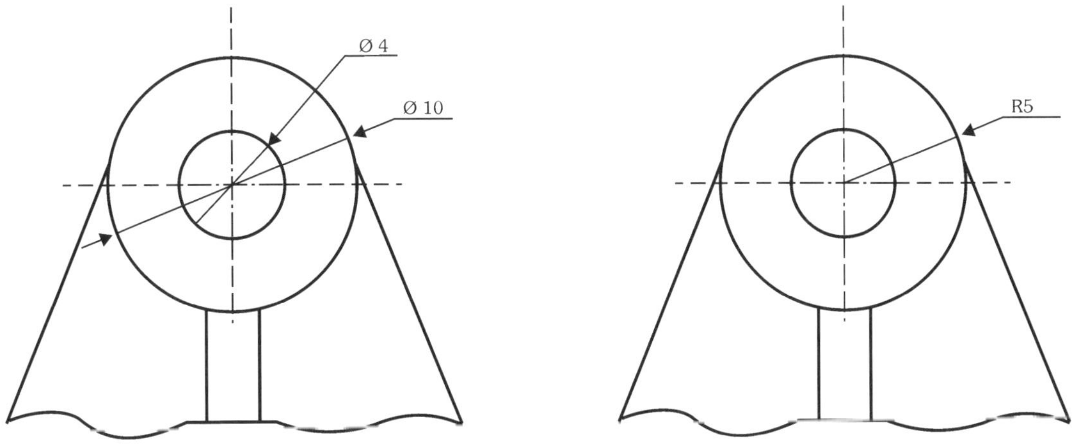

Figura 8.13 - Diâmetros e raios.

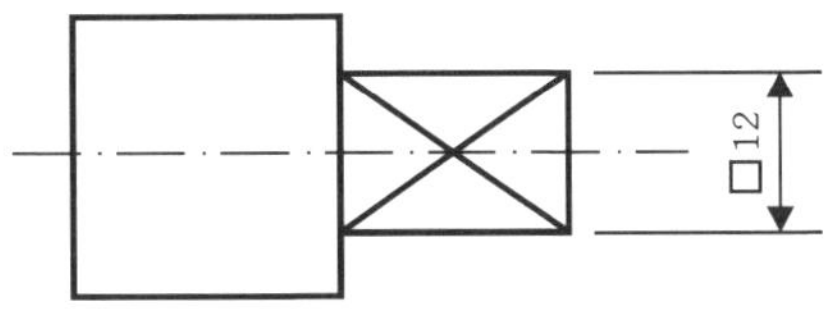

Figura 8.14 - Quadrado.

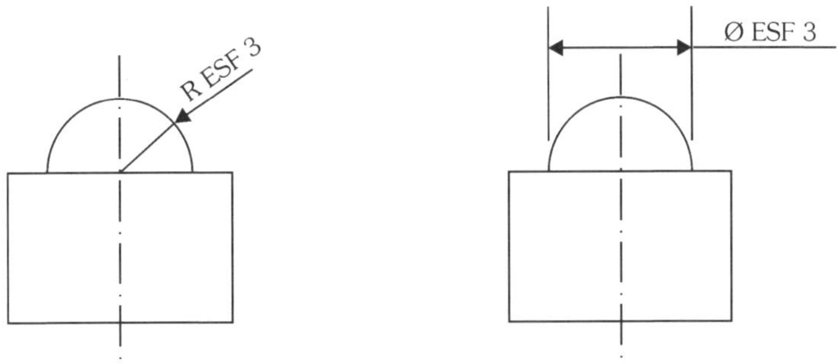

Figura 8.15 - Raio e diâmetro esférico.

8.1.3 Tipos de Cotagem

Existem os tipos de cotagem em cadeia, por elemento de referência e por coordenadas.

Cotagem em Cadeia

As cotas são colocadas uma do lado da outra.

Exemplo 1

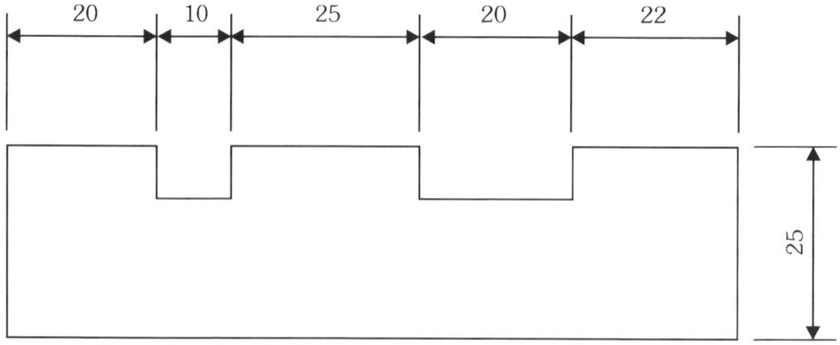

Figura 8.16 - Cotagem em cadeia.

Exemplo 2

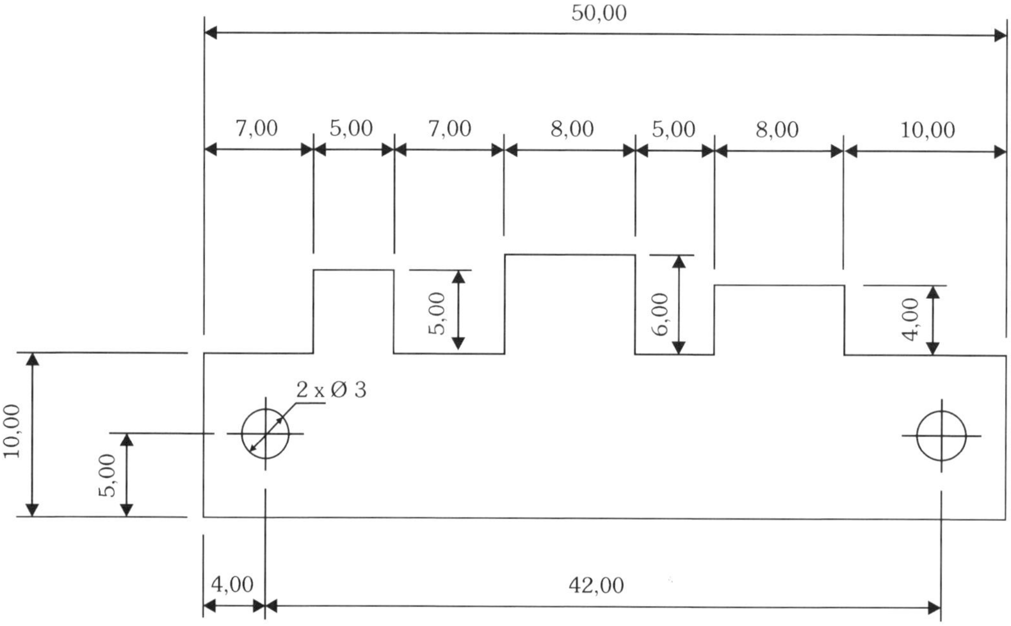

Figura 8.17 - Cotagem em cadeia.

Cotagem por Elemento de Referência

As cotas são colocadas a partir de um elemento de referência, podendo ser paralelas ou aditivas. A Figura 8.18 mostra a cotagem paralela e a Figura 8.19, a cotagem aditiva.

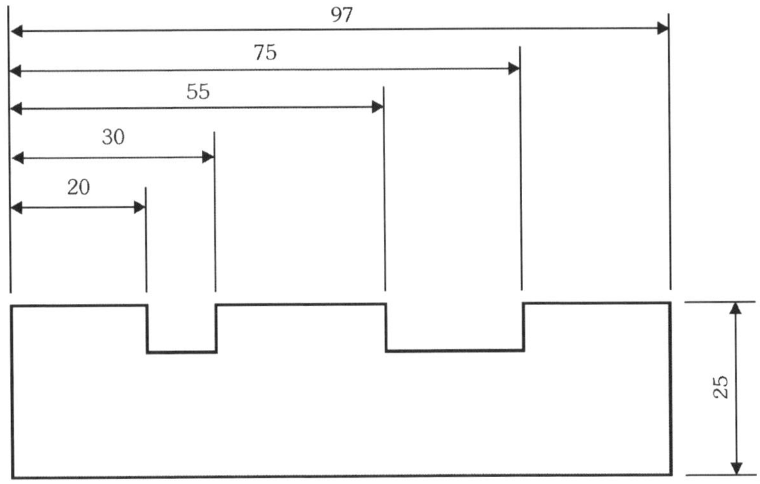

Figura 8.18 - Cotagem paralela.

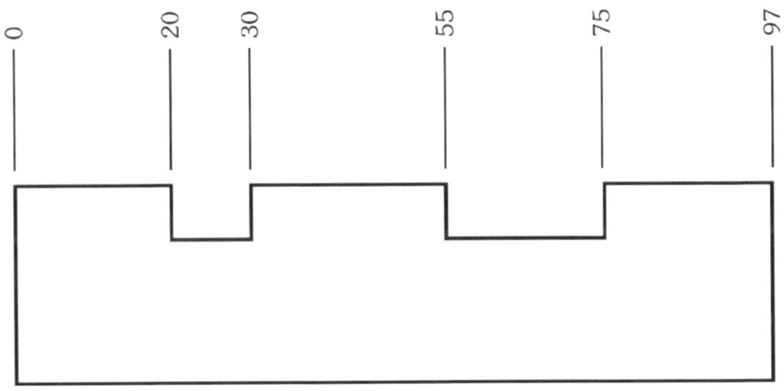

Figura 8.19 - Cotagem aditiva.

Indicações Especiais

- **Elementos equidistantes**

  Quando num desenho são representados elementos equidistantes e uniformemente distribuídos, pode-se simplificar a cotagem como indicado na Figura 8.20.

  Deve-se colocar a quantidade de objetos (8 no exemplo) pela distância entre eles (10 mm no exemplo) e entre parênteses a distância total (neste caso 80 mm).

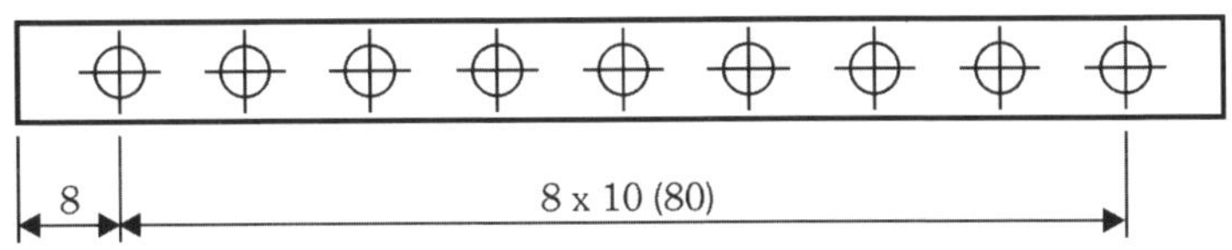

Figura 8.20 - Cotagem simplificada.

Para evitar dúvidas, pode-se cotar um dos espaços apresentados na Figura 8.21.

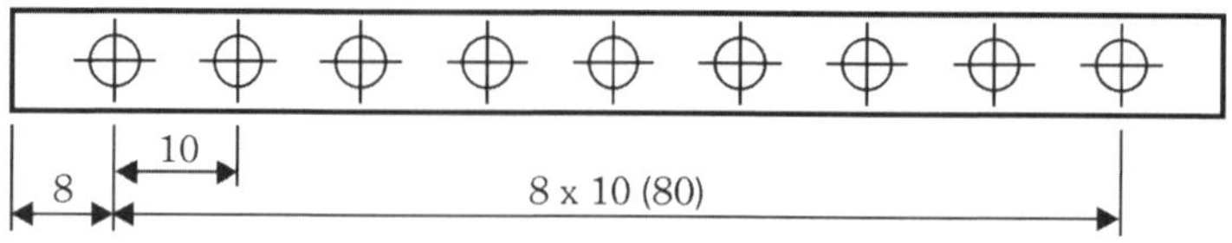

Figura 8.21 - Cotagem de um dos espaços.

- **Elementos repetidos**

No caso de elementos repetidos, para evitar a repetição da mesma cota, a cotagem pode ser realizada indicando a quantidade (9 no exemplo) pela dimensão (4), como na Figura 8.22.

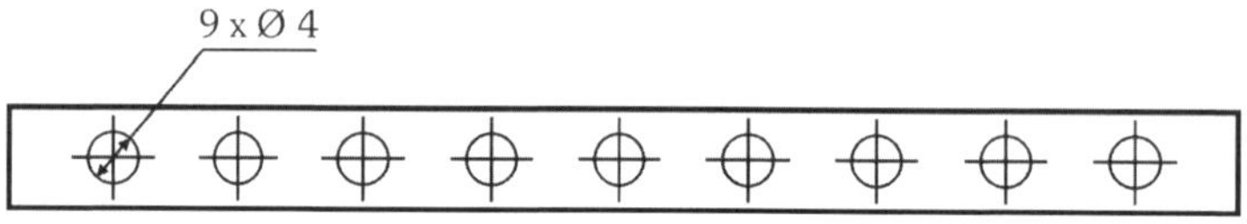

Figura 8.22 - Elementos repetidos.

- **Cotagem de chanfros**

Chanfros de 45° devem ser cotados como na Figura 8.23a; chanfros de outros ângulos devem ser cotados como na Figura 8.23b.

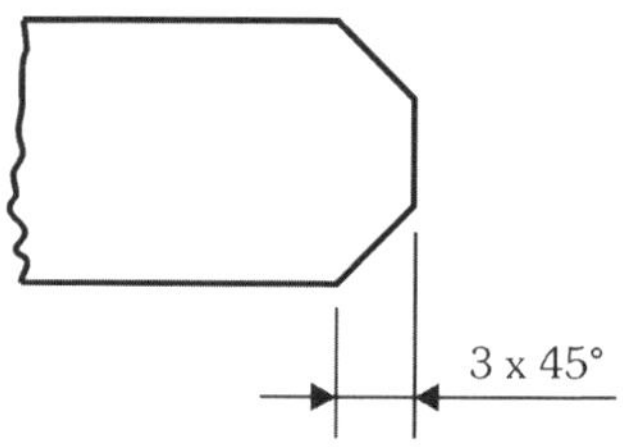

Figura 8.23a - Chanfros de 45°.

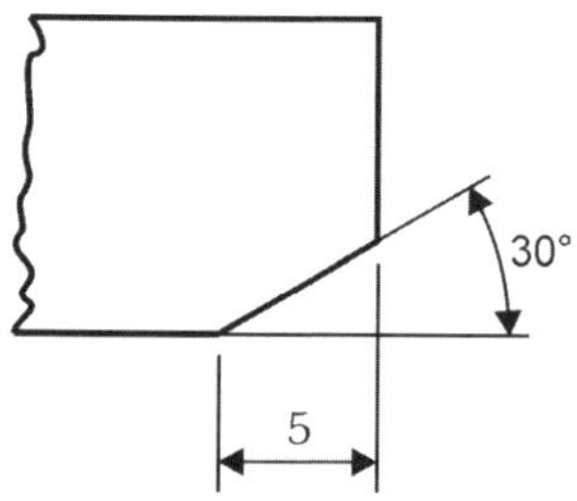

Figura 8.23b - Chanfros de outros ângulos.

Exercícios

1. Realizar a cotagem em cadeia da figura seguinte:

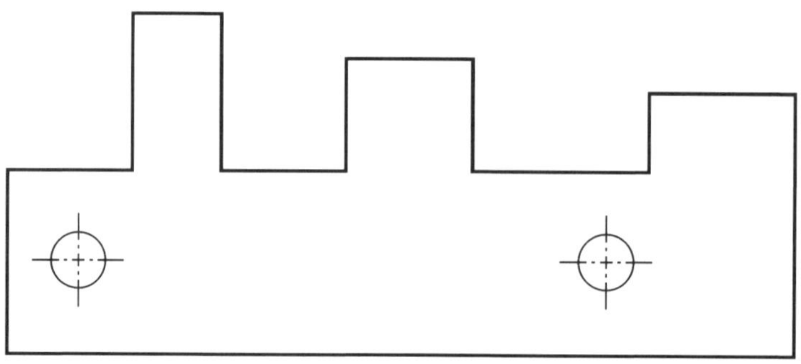

2. Cotar a peça seguinte, considerando os elementos repetidos:

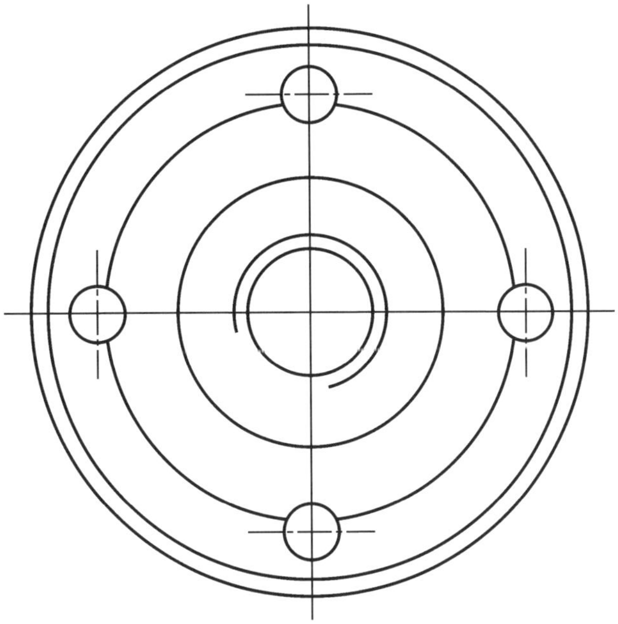

Anotações

capítulo

9

Escalas de Redução, Natural e de Ampliação

Ao desenhar um objeto, é necessário avaliar suas dimensões para verificar se é possível ou não desenhá-lo no seu tamanho real. Muitas vezes as dimensões são tão grandes que não cabem na folha, outras vezes é tão pequeno que se torna ilegível na folha ou dificulta a visualização de seus detalhes.

Por isso, dependendo do objeto, é necessário reduzir ou ampliar suas dimensões para atingir o objetivo esperado, utilizando o recurso de escalas.

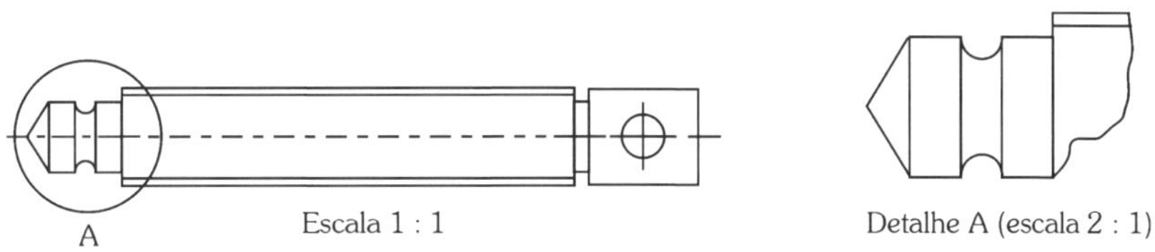

Figura 9.1 - Exemplo de uso de escala.

9.1 Tipos de Escalas

Num desenho, a escala deve ser identificada com a palavra "ESCALA" ou pode ser abreviada na forma "ESC".

A representação deve ser, por exemplo:

ESCALA 1:1, lê-se escala 1 por 1.

Existem três tipos de escalas, sendo a natural (1:1), a de ampliação (X:1, sendo X>1) e a de redução (1:X, sendo X>1).

Na escala natural o tamanho do desenho é o tamanho real da peça.

Na escala de ampliação o tamanho do desenho é maior do que o seu tamanho real.

Na escala de redução o tamanho do desenho é menor que o seu tamanho real.

Na figura seguinte estão as escalas de redução, natural e de ampliação respectivamente.

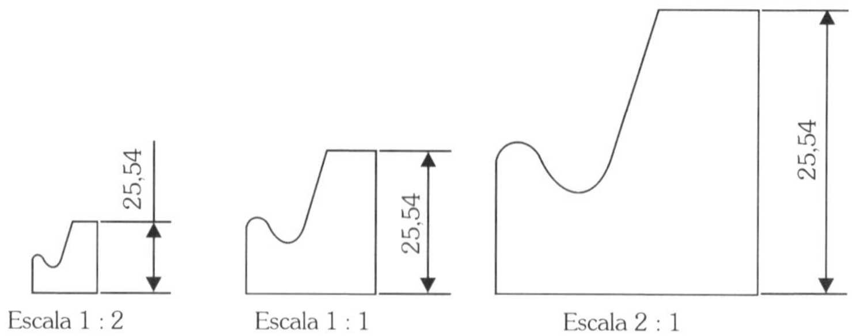

Figura 9.2 - Escalas de redução, natural e ampliação.

Note que os valores das cotas são os mesmos, porém, se formos medir com uma régua, vamos perceber que as dimensões da figura de escala 1:2 são metade das dimensões da figura de escala 1:1, e as dimensões da figura de escala 2:1 são o dobro das dimensões da figura de escala 1:1. Na prática, os desenhos num papel que estiverem na escala 1:2 terão metade do tamanho real da peça e os desenhos que estiverem no papel em escala 2:1 terão o dobro do tamanho da peça real.

No desenho técnico a escala deve ser indicada na legenda da folha e caso seja necessária a utilização de mais de uma escala num mesmo desenho, elas devem estar junto com o detalhe ou com a vista referida.

Utilizar as escalas apresentadas na tabela a seguir extraída da NBR 8196:1999. As escalas da tabela podem ser ampliadas ou reduzidas à razão de 10.

Tabela 9.1 - Escalas mais utilizadas.

Redução	Natural	Ampliação
1:2	1:1	2:1
1:5		5:1
1:10		10:1

Exercícios

1. O detalhe a seguir está em escala 2:1. Escreva a escala próximo ao detalhe, como explicado neste capítulo.

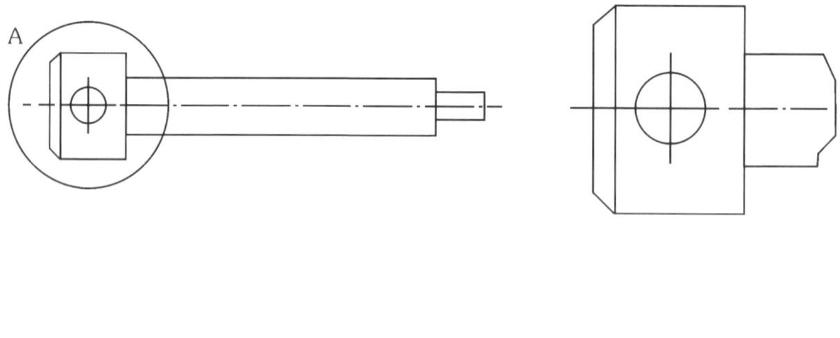

2. Cite e defina os tipos de escala em desenhos técnicos.

3. A norma NBR 8196:1999 recomenda algumas escalas a serem utilizadas em desenhos técnicos. Complete a tabela seguinte com as escalas recomendadas:

Redução	Natural	Ampliação
1:10		10:1

Anotações

capítulo

10

Símbolos de Acabamento Superficial e Tolerância ISO

10.1 Aplicação

É utilizado para representar uma superfície devido a um processo de fabricação da peça, como, por exemplo, quando a remoção de material é exigida, quando não é permitida, para indicar o grau de fabricação, rugosidade, indicação de um processo específico de fabricação, revestimento, tratamento, direção de estrias e indicação de sobremetal.

10.2 Indicação de Acabamento Superficial

A representação de estado de superfícies em desenhos técnicos no Brasil é normalizada pela norma NBR 8404:1984.

10.3 Rugosidade (DIN 4768)

É a medida (μm) da profundidade máxima entre o maior "pico" e o maior "vale" num comprimento médio "ℓm" (mm) da superfície da peça.

- **Ra:** rugosidade da média aritmética de todos os picos (Pi) acima da linha média (∅) num determinado comprimento (ℓm).

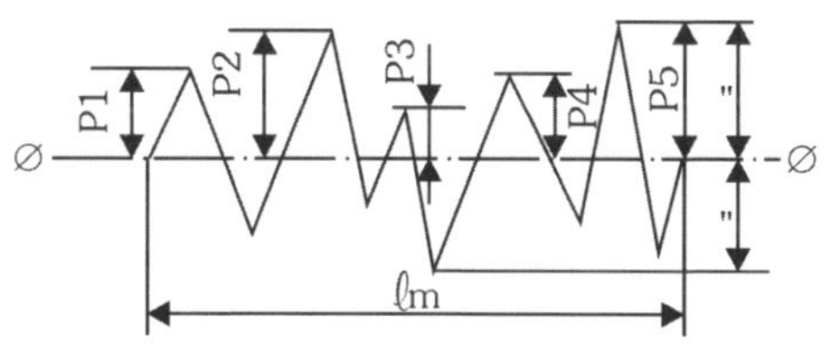

$$Ra = \frac{P1 + P2 + P3 + P4 + P5}{5}$$

Figura 10.1 - Determinação de Ra.

- **Rz:** rugosidade da média aritmética do somatório das rugosidades de máxima altura, medidas individualmente em % em cinco espaços sucessivos de comprimento "ℓm" (mm) contidos num comprimento total "ℓe" (mm).

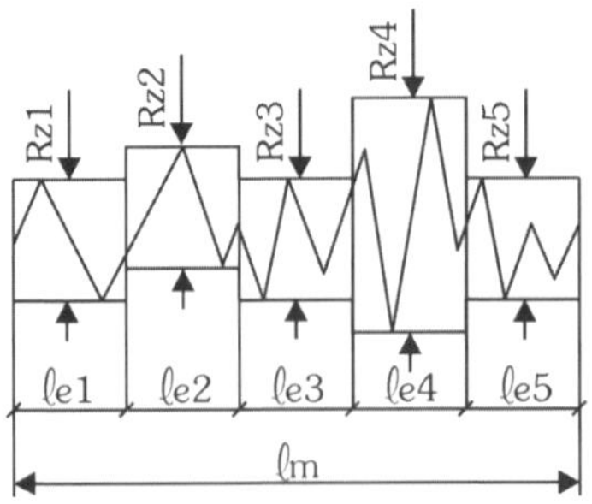

$$Rz = \frac{Rz1 + Rz2 + Rz3 + Rz4 + Rz5}{5}$$

Figura 10.2 - Determinação de Rz.

10.3.1 Simbologia

O símbolo básico para representação do estado de superfície é constituído de duas linhas inclinadas a 60° da linha que representa a superfície do desenho. Esse símbolo isolado não tem significado.

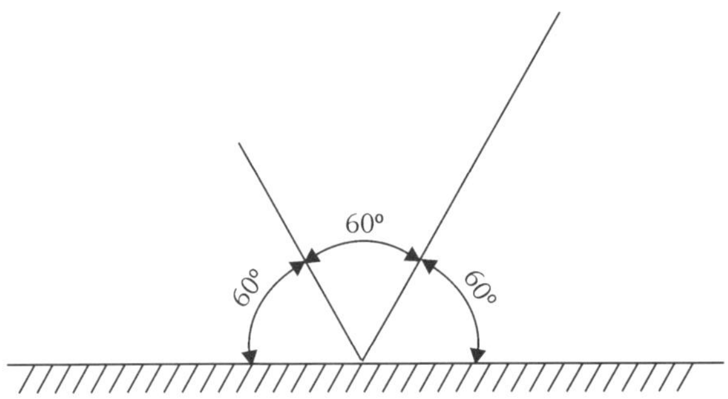

Figura 10.3 - Símbolo básico.

A Figura 10.4 apresenta o símbolo com as posições das indicações que podem ser utilizadas.

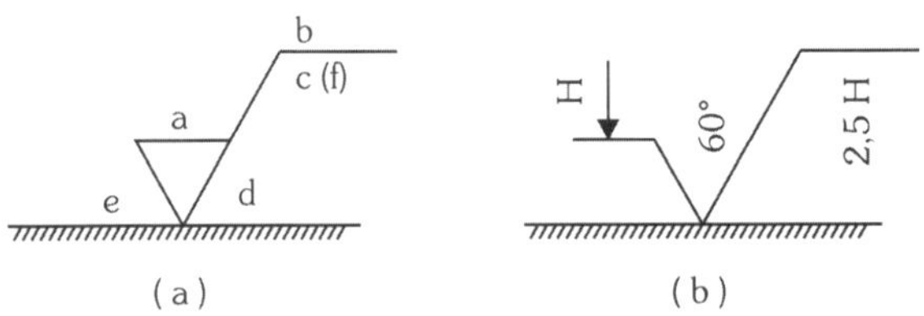

Figura 10.4 - Símbolo com as posições.

a = valor da rugosidade em micrômetros ou classe de rugosidade conforme a Tabela 10.1.

b = método de fabricação, tratamento ou revestimento.

c = comprimento de amostra em mm.

d = direção de estrias conforme a Tabela 10.3.

e = sobremetal para usinagem em mm.

f = outros parâmetros de rugosidade entre parênteses.

Tabela 10.1 - Classe de rugosidade.

Classe de rugosidade	Desvio médio aritmético (Ra) μm
N 12	50
N11	25
N10	12,5
N9	6,3
N8	3,2
N7	1,6
N6	0,8
N5	0,4
N4	0,2
N3	0,1
N2	0,05
N1	0,025

A Tabela 10.2 apresenta os acabamentos superficiais, conforme o grau de rugosidade e o processo de usinagem.

Tabela 10.2 - Acabamentos superficiais, símbolos de rugosidade - Tipos de usinagem (ISO 1302).

Tipo de usinagem	Grosseiro			Médio			Fino			Finíssimo		
Símbolo	N12, N11, N10 (▽)			N9, N8, N7 (▽▽)			N6, N5, N4 (▽▽▽)			N3, N2, N1 (▽▽▽▽)		
Grupos de rugosidade	N12	N11	N10	N9	N8	N7	N6	N5	N4	N3	N2	N1
Ra em mícron	50	25	12.5	6.3	3.2	1.6	0.8	0.4	0.2	0.1	0.05	0.025
Serragem, corte												
Limagem												
Aplainamento												
Torneamento												
Broqueamento												
Escareação												
Perfuração												
Fresagem												
Brocagem												
Raspagem												
Retífica vertical												
Retífica tangencial												
Brunidura												
Super-retífica												
Esmerilhamento												
Polimento												

Rugosidade para esboço

Rugosidade obtida na prática normal

Rugosidade obtida com cuidados especiais

(▽) - Sinal antigo

√ - Sinal atual

Ra - Valor médio aritmético da rugosidade, dando a diferença média do perfil da linha mediana

A Tabela 10.3 apresenta os símbolos utilizados e seu significado.

Tabela 10.3 - Símbolos.

Símbolo	Utilização
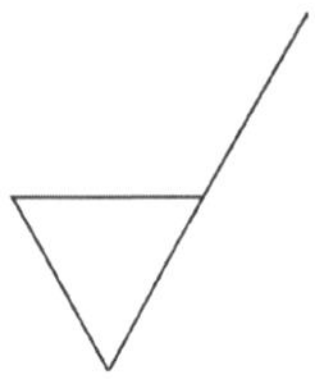	Remoção de material exigida.
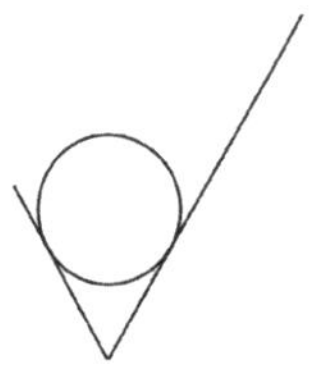	Remoção de material não permitida.
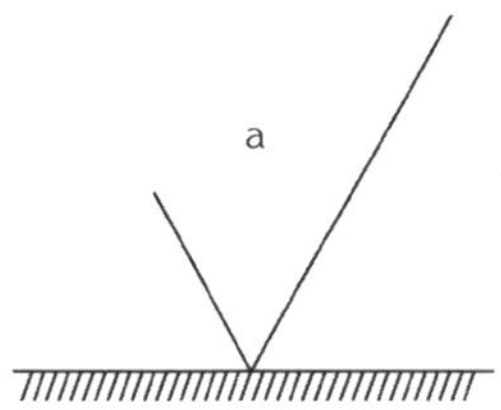	Estado de superfície obtido por estado de fabricação qualquer, com valor máximo admitido.
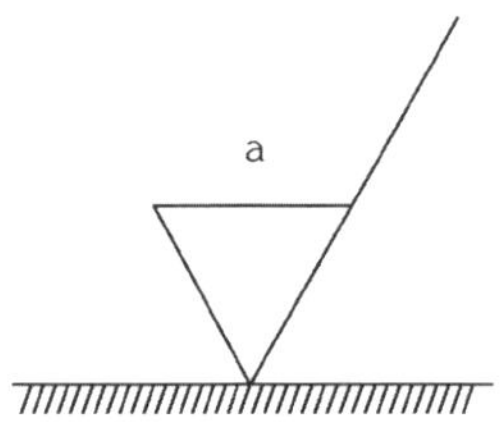	Estado de superfície obtido por remoção de material, com valor máximo admitido.
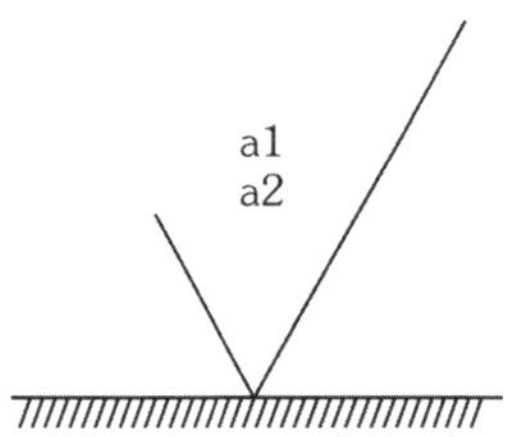	Estado de superfície obtido por estado de fabricação qualquer, com valor máximo a1 e valor mínimo a2 admitido.
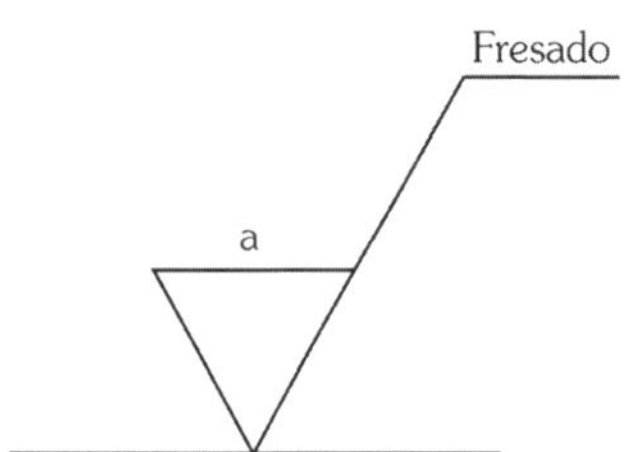	Processo específico de fabricação "Fresado". Não se pode abreviar e o texto deve ficar sobre o traço horizontal.
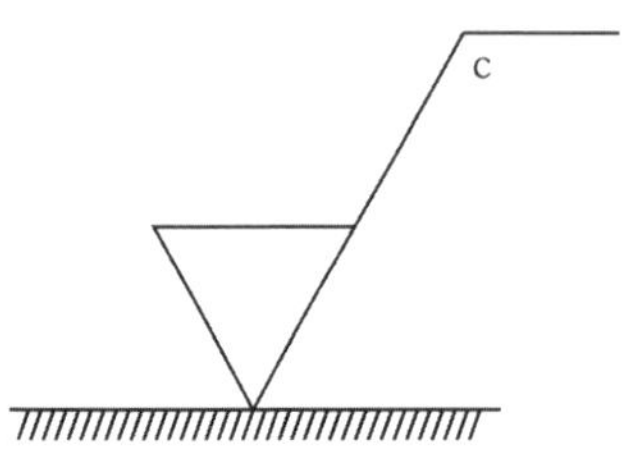	Indicação do comprimento de amostragem.

Símbolo	Utilização
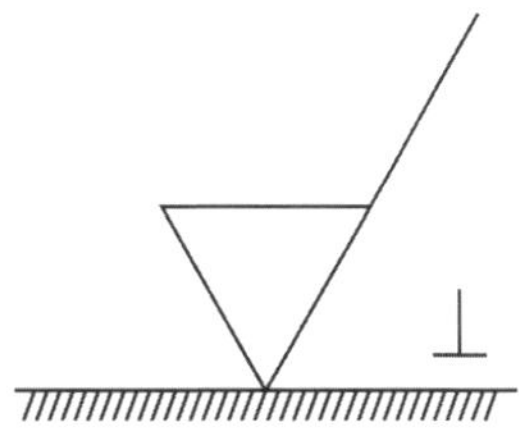	Definição da direção das estrias (demais símbolos, verificar a Tabela 10.4).
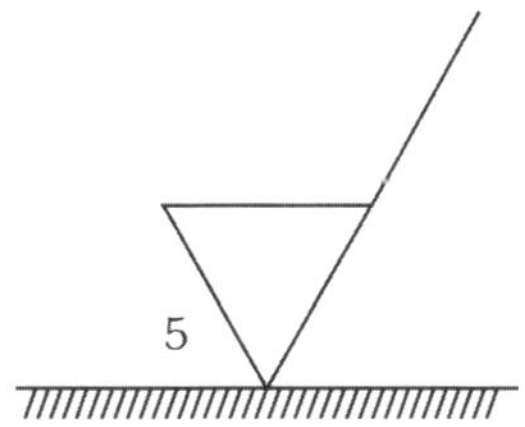	Valor de sobremetal para usinagem.

A Tabela 10.4 mostra os símbolos para direção das estrias.

Tabela 10.4 - Direção de estrias.

Símbolo	Indicação	Exemplo
=	Paralela ao plano de projeção da vista em que o símbolo é aplicado.	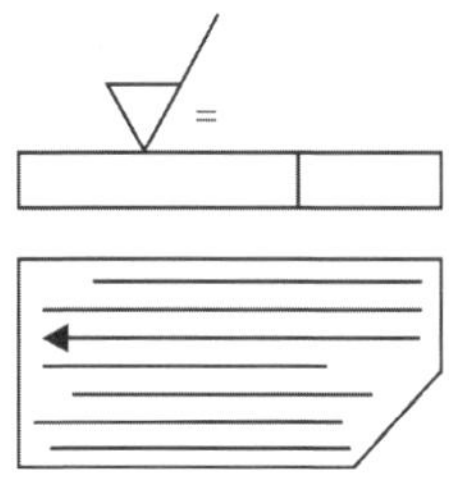
⊥	Perpendicular ao plano de projeção da vista em que o símbolo é aplicado.	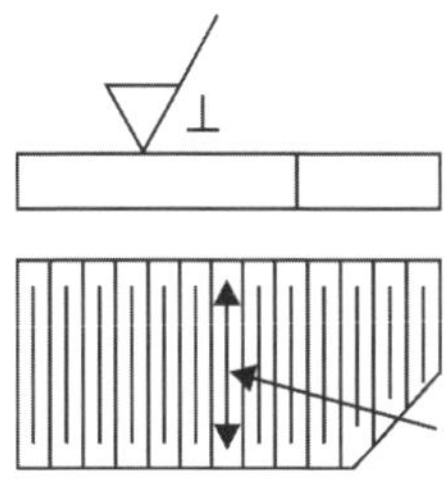
X	Cruzadas em duas direções oblíquas em relação ao plano de projeção da vista em que o símbolo é aplicado.	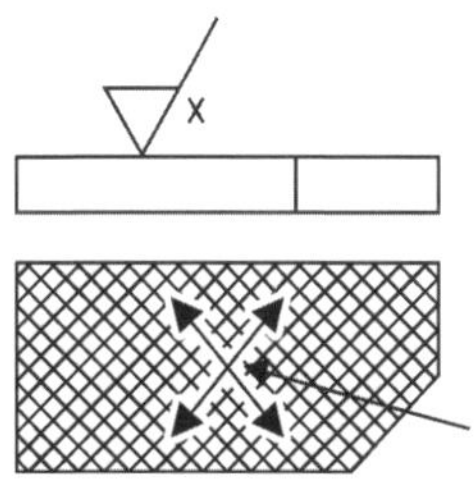

Símbolo	Indicação	Exemplo
M	Muitas direções.	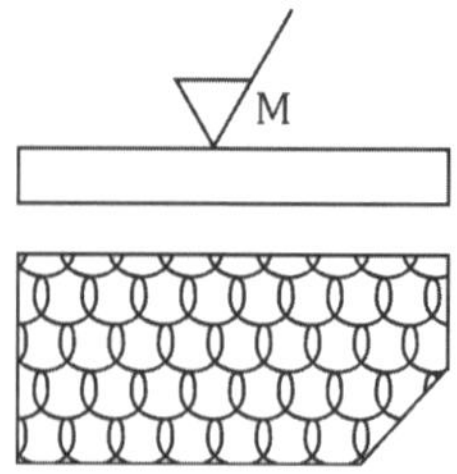
C	Central em relação ao ponto médio da superfície em que o símbolo é aplicado.	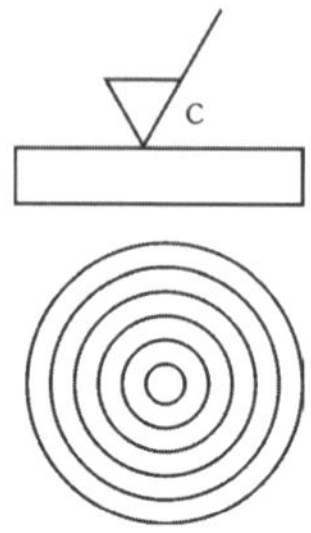
R	Radial em relação ao ponto médio da superfície em que o símbolo é aplicado.	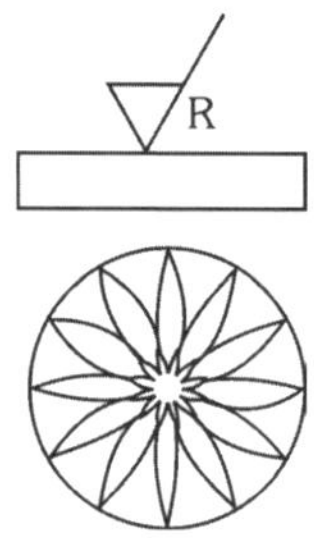

- **Rugosímetro:** aparelho para medição da rugosidade.

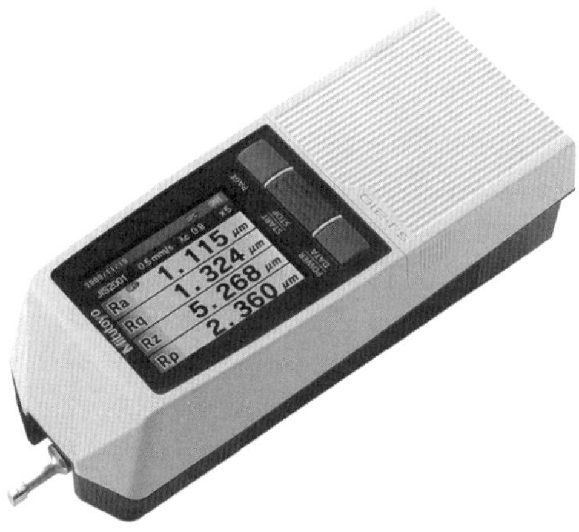

Figura 10.5 - Rugosímetro portátil.
Fonte: http://www.directindustry.es/prod/mitutoyo/rugosimetro-portatil-4906-12095.html

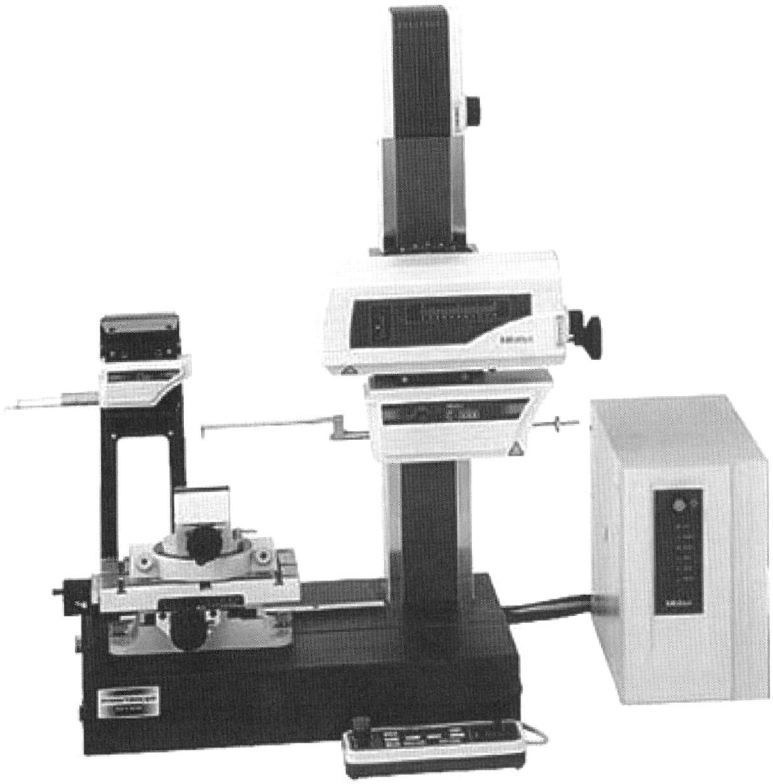

Figura 10.6 - Rugosímetro de mesa.
Fonte: http://www.directindustry.es/prod/mitutoyo/rugosimetro-portatil-4906-12095.html

10.3.2 Sistema de Tolerâncias e Ajustes

Os processos de fabricação de peças envolvem máquinas, instrumentos, operações manuais, material de fabricação, entre outros e, por esse motivo, ocorrem diversas interferências que impedem que as peças sejam fabricadas exatamente com as medidas especificadas.

Para garantir a qualidade das peças, devem ser determinadas faixas aceitáveis de variação das medidas definidas e estipuladas dimensões máximas e mínimas permitidas. Essa variação entre as dimensões é chamada **tolerância**. As tolerâncias podem ser representadas por **afastamento** ou pela **norma ISO**.

A tolerância deve ser definida dependendo da peça e de onde ela será utilizada.

O sistema de tolerâncias e ajustes é normalizado pela NBR 6158:1995.

Para o entendimento do sistema de tolerâncias são necessárias algumas definições. Acompanhe:

- **Dimensão nominal:** dimensão base de onde são obtidos os afastamentos superior e inferior, ou seja, os limites da dimensão.
- **Tolerância:** é a diferença entre a dimensão máxima e a dimensão mínima de um objeto.
- **Afastamento fundamental:** diferença entre uma dimensão e a correspondente dimensão nominal.
- **Afastamento superior:** diferença entre a dimensão máxima e a dimensão nominal.
- **Afastamento inferior:** diferença entre a dimensão mínima e a dimensão nominal.

1. Afastamentos fundamentais

Por exemplo, um diâmetro de dimensão 200 ± 10 mm possui:

Dimensão nominal: 200 mm.

Afastamento superior: +10 mm.

Afastamento inferior: –10 mm.

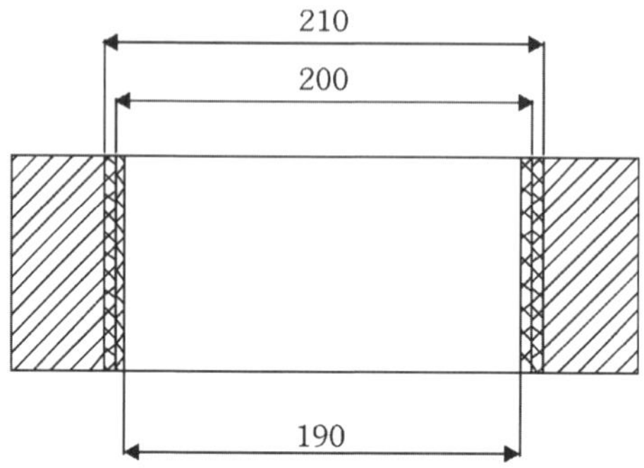

Figura 10.7 - Afastamentos fundamentais.

Para calcular a dimensão máxima, deve-se somar a dimensão nominal com o afastamento superior:

200 + 10 mm = 210

Para calcular a dimensão mínima, deve-se subtrair a dimensão nominal do afastamento inferior:

200 – 10 mm = 190

Portanto, para este exemplo seriam aceitáveis peças com diâmetros que variassem entre 190 e 210 mm. Qualquer peça de diâmetro fora destes limites seria rejeitada.

Resumindo, as peças devem ter no mínimo um diâmetro de 190 mm e no máximo um diâmetro de 210 mm.

Os afastamentos são determinados a partir da linha zero, a qual representa o valor nominal da dimensão.

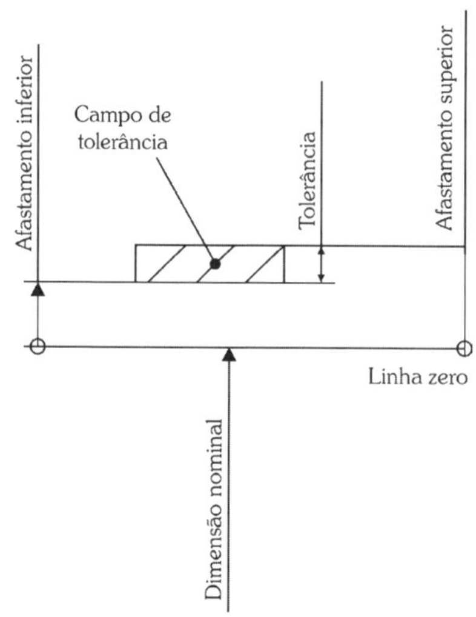

Figura 10.8 - Campo de tolerância.

Os afastamentos podem ter os valores superior e inferior de sinais diferentes (um positivo e um negativo) ou sinais iguais (ambos negativos ou ambos positivos). Veja a Figura 10.9.

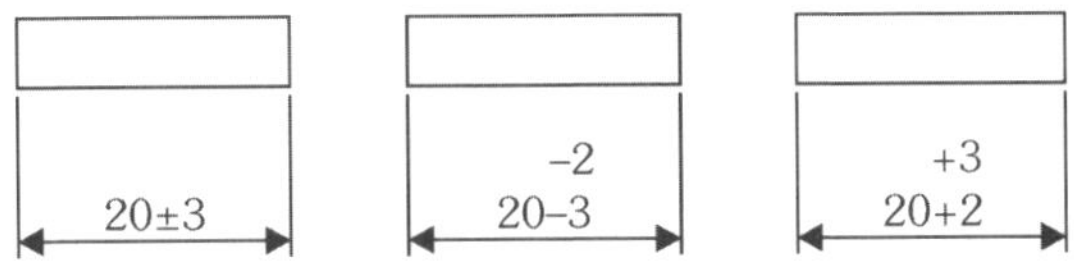

Figura 10.9 - Valores superior e inferior.

No primeiro exemplo o comprimento varia entre 17 e 23 mm; no segundo exemplo de 17 a 18 mm e no último de 22 a 23 mm.

Perceba que no segundo exemplo os valores aceitáveis serão sempre inferiores ao valor nominal e no terceiro exemplo os valores aceitáveis serão sempre superiores ao valor nominal.

2. Ajustes

Para explicar o sistema de ajustes, são utilizados os termos "eixo" e "furo". Na definição da norma, o termo "eixo" é utilizado para se referir à característica externa de uma peça, mesmo que ela não seja cilíndrica, e o termo "furo" é utilizado para se referir à característica interna de uma peça mesmo que também não seja cilíndrico.

O ajuste acontece ao montar componentes, pois ambos os componentes possuem a mesma dimensão nominal. Pode ocorrer ajuste com folga, com interferência ou ajuste incerto.

- **Ajuste com folga:** folga é a diferença entre duas dimensões. Ocorre ajuste com folga quando a dimensão mínima do furo é sempre maior ou igual à dimensão máxima do eixo.
- **Ajuste com interferência:** ocorre quando a dimensão máxima do furo é sempre menor ou igual à dimensão mínima do eixo.
- **Ajuste incerto:** nesse tipo de ajuste pode ocorrer folga ou interferência, vai depender das dimensões do furo e do eixo devido aos campos de tolerância.

3. Tolerância ISO

Para facilitar a escolha de tolerâncias, a norma brasileira adotou o sistema ISO que possui diversas tabelas e regras.

Os graus de tolerâncias padrão, que determinam a qualidade de trabalho do sistema ISO, variam de IT1 a IT18 para dimensões acima de 500 mm até 3150 mm e para dimensões de 0 a 500 mm são IT01, IT0, IT1 a IT18. A sigla IT significa **International Tolerance**.

Para identificar os graus de tolerâncias, utilizam-se as letras IT e um número, por exemplo, IT7, porém em desenhos as letras IT devem ser omitidas, portanto a descrição seria, por exemplo, h7.

Quando no desenho é indicado h7, significa que o h é a letra que define a posição do campo de tolerância em relação à linha zero ou dimensão nominal, o h minúsculo significa que é um eixo. Se fosse indicado o H maiúsculo, significaria que se trata de um furo.

O número que segue a letra "7" é o grau de qualidade IT, ou seja, neste caso seria uma tolerância de qualidade de trabalho média. Se o valor fosse 14, por exemplo, a qualidade de trabalho seria grosseira e se fosse 1, seria extraprecisa. Quanto maior o número mais grosseira a qualidade de trabalho, portanto mais fácil seria fabricar a peça e quanto menor o número, mais precisa a qualidade de trabalho, portanto a fabricação da peça seria mais difícil.

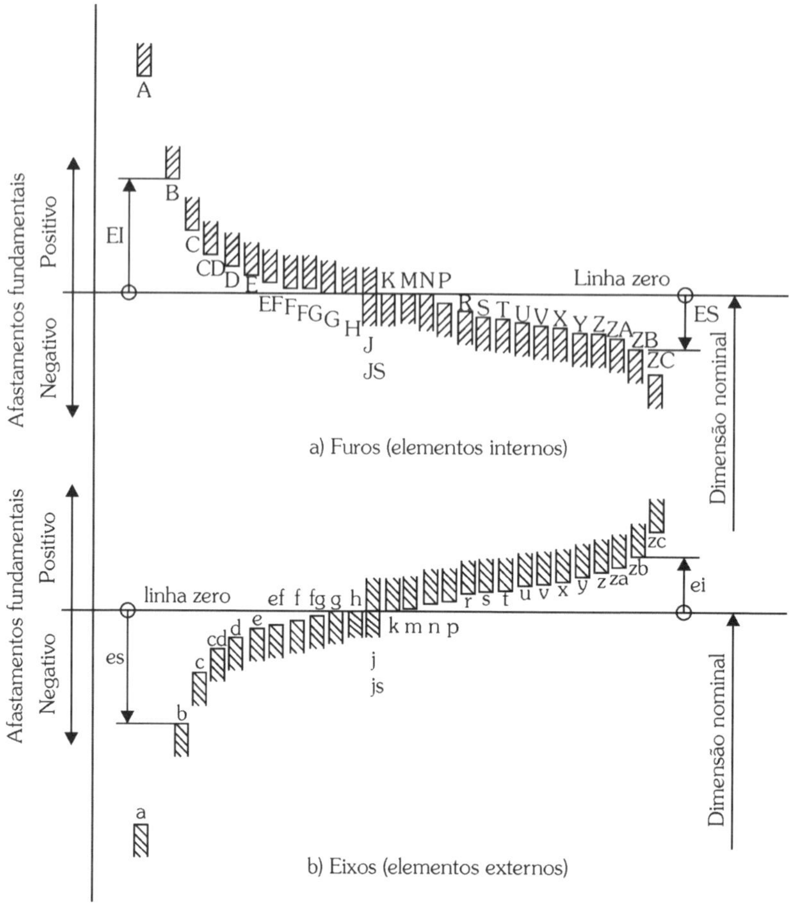

Figura 10.10 - Posições dos afastamentos fundamentais.

Qualidade de trabalho para eixos:

- **IT01, IT0, IT1, IT2 e IT3:** extraprecisa
- **IT4, IT5, IT6, IT7, IT8, IT9, IT10 e IT11:** média
- **IT12, IT13, IT14, IT15 e IT16:** grosseira

Qualidade de trabalho para furos:

- **IT01, IT0, IT1, IT2, IT3 e IT4:** extraprecisa
- **IT5, IT6, IT7, IT8, IT9, IT10 e IT11:** média
- **IT12, IT13, IT14, IT15 e IT16:** grosseira

Instrumentos de calibração entrariam na classe de qualidade de 1 a 4, já fundição e forjamento entrariam na classe de qualidade entre 12 e 18.

Tabela 10.5 - Classes de qualidade.

Cota nominal (mm)		Classes de qualidade																	
		IT1	IT2	IT3	IT4	IT5	IT6	IT7	IT8	IT9	IT10	IT11	IT12	IT13	IT14	IT15	IT16	IT17	IT18
>	≤	Tolerância																	
		µm											mm						
1	3	0,8	1,2	2	3	4	6	10	14	25	40	60	0,1	0,14	0,25	0,4	0,6	1	1,4
3	6	1	1,5	2,5	4	5	8	12	18	30	48	75	0,12	0,18	0,3	0,48	0,75	1,2	1,8
6	10	1	1,5	2,5	4	6	9	15	22	36	58	90	0,15	0,22	0,36	0,58	0,9	1,5	2,2
10	18	1,2	2	3	5	8	11	18	27	43	70	110	0,18	0,27	0,43	0,7	1,1	1,8	2,7
18	30	1,5	2,5	4	6	9	13	21	33	52	84	130	0,21	0,33	0,52	0,84	1,3	2,1	3,3

Exemplos

a. Qual a tolerância de um eixo 30h7?

Na tabela, o valor 30 está na faixa 18-30, cruzando a linha 18-30 com a coluna IT7, encontramos o valor 21 µm. Como é um eixo, o campo h é abaixo de zero, sendo o desvio superior, ligado à linha zero. Portanto, a tolerância é:

$$30^{0}_{-0,021}$$

b. Qual a tolerância de um furo 30H7?

Na tabela, o valor 30 está na faixa 18-30, e cruzando a linha 18-30 com a coluna IT7, encontramos o valor 21 µm. Como é um furo, o campo h é acima de zero, sendo o desvio inferior, ligado à linha zero, portanto a tolerância é:

$$30^{+0,021}_{0}$$

Campos de Tolerância

Existem 28 campos de tolerância para furos e 28 para eixos. As letras para os furos são representadas por maiúsculas e para os eixos por minúsculas, Tabela 10.6.

Tabela 10.6 - Campos de tolerância.

Furos	
A	M
B	N
C	P
CD	R
D	S
E	T
EF	U
F	V
FG	X
G	Y
H	Z
J	ZA
JS	ZB
K	ZC

Eixos	
a	m
b	n
c	p
cd	r
d	s
e	t
ef	u
f	v
fg	x
g	y
h	z
j	za
js	zb
k	zc

Sistemas de Ajustes

Existem o sistema de ajustes eixo base e o sistema de ajustes furo base.

- **Sistema de ajustes eixo base:** obtêm-se as folgas ou interferências pela associação de furos de várias classes de tolerâncias com eixos de uma única classe de tolerâncias.
- **Sistema de ajustes furo base:** obtêm-se as folgas ou interferências pela associação de eixos de várias classes de tolerâncias com furos de uma única classe de tolerâncias. Este é o mais utilizado.

Sistema de Ajustes Furo Base

Sistema baseado em um furo com desvio fundamental na posição H.

Ocorre pela associação de eixos de várias classes de tolerâncias com furos de uma única classe.

A dimensão nominal do eixo e do furo é de 5 mm de diâmetro, sendo a tolerância do furo igual a H7 e a do eixo igual a g6.

A tabela a ser utilizada é a de **Ajuste furo base**. A seguir é apresentada uma parte da tabela como exemplo.

O valor nominal de 5 mm está na faixa 3-6, os afastamentos do furo H7 são 0 μm e +12 μm, e os afastamentos do eixo g6 são –4 μm e –12 μm.

Tabela 10.7 - Sistema de ajustes.

Dimensão nominal em mm		**Furo**	**Eixos (Afastamento inferior/Afastamento superior)**					
>	≤	H7	d9	e8	f7	g6	h6	j6
3	6	0	–30	–20	–10	–4	0	+6
		+12	–60	–38	–22	–12	–8	–2

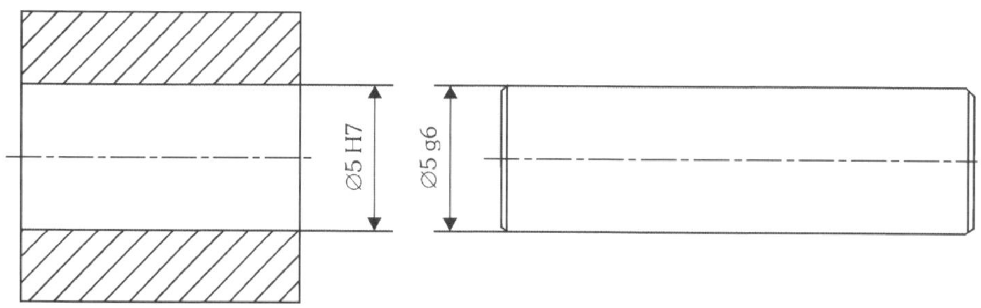

Figura 10.11 - Exemplo.

Sistema de Ajustes Eixo Base

Sistema baseado em um eixo com desvio fundamental na posição h.

Ocorre pela associação de furos de várias classes de tolerâncias com eixos de uma única classe.

A dimensão nominal do eixo e do furo é de 5 mm de diâmetro, sendo a tolerância do furo igual a J7 e a do eixo igual a h6.

A tabela a ser utilizada é a de **Ajuste eixo base**. A Tabela 10.8 apresenta uma parte dela como exemplo.

O valor nominal de 5 mm está na faixa 3-6, os afastamentos do eixo h6 são 0 μm e –6 μm, e os afastamentos do furo J7 são –6 μm e +6 μm.

Tabela 10.8 - Sistema de ajuste.

Dimensão nominal em mm		**Eixo**	**Furos (Afastamento inferior/Afastamento superior)**					
>	≤	h6	D9	E8	F7	G7	H7	J7
3	6	0	+30	+20	+10	+4	0	-6
		-6	+60	+38	+22	+16	+12	+6

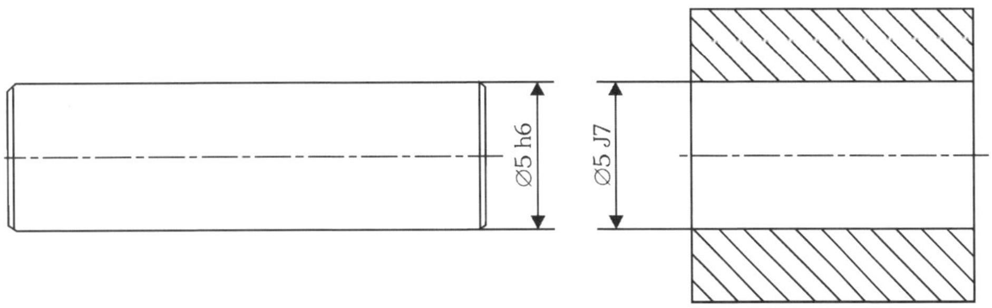

Figura 10.12 - Exemplo.

10.3.3 Tolerância Geométrica de Forma e Posição

Para que uma peça possa ser utilizada e/ou montada adequadamente, é necessário que as peças estejam dentro da tolerância dimensional especificada e que possuam a forma e a posição relativa esperadas.

Assim como não é possível obter uma peça com as dimensões exatas e por isso são determinados limites aceitáveis, não é possível obter uma peça exatamente com forma especificada, portanto limites aceitáveis também devem ser determinados.

Entre peças que são montadas deve-se determinar, também, a posição relativa entre elas e os limites aceitáveis.

Essas tolerâncias são as de forma e posição respectivamente.

Nos desenhos técnicos, os símbolos que representam as tolerâncias de forma e posição devem ser inscritos em um retângulo dividido em diversas partes. Quando os elementos são isolados, o símbolo é dividido em duas partes. Caso seja associado a outras peças, o símbolo é dividido em mais partes.

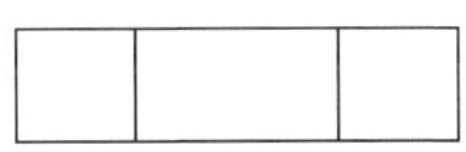

Figura 10.13 - Símbolo em branco.

Nas divisões do retângulo, os símbolos e valores devem ser colocados na seguinte ordem: o símbolo da característica, o valor da tolerância com o prefixo de diâmetro quando aplicável, a identificação de elementos utilizando letras quando aplicáveis.

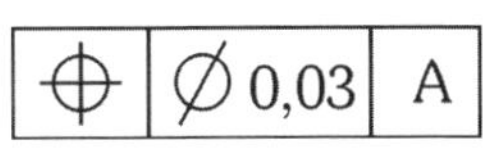

Figura 10.14 - Exemplo preenchido.

Os símbolos da característica estão apresentados na Tabela 10.9.

Tabela 10.9 - Símbolos das características.

Característica			**Símbolo**
Elementos isolados	Forma	Retitude	⏤
		Planeza	▱
		Circularidade	○
		Cilindricidade	⌭
Elementos isolados ou associados		Perfil de linha qualquer	⌒
		Perfil de superfície qualquer	⌓
Elementos associados	Orientação	Paralelismo	∥
		Perpendicularidade	⊥
		Inclinação	∠
	Posição	Posição	⌖
		Concentricidade	◎
		Coaxilidade	
		Simetria	⌯
	Batimento	Circular	↗
		Total	⌰

Nos próximos itens são apresentados os exemplos de utilização de cada característica.

10.3.3.1 Tolerância de Retitude

Quando a tolerância for especificada em um plano, na tolerância de forma de linha, o campo de tolerância é dado por duas linhas paralelas a uma determinada distância "t".

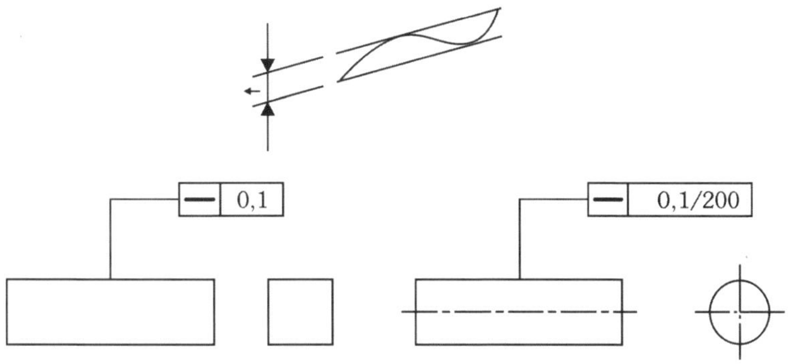

Figura 10.15 - Retitude.

Neste caso, cada seção deve estar entre duas linhas retas paralelas, afastadas em 0,1 mm.

No caso de um paralelepípedo, o campo de tolerância é determinado por um paralelepípedo virtual de seção transversal "t_1 x t_2". Na Figura 10.16, a linha de centro deve estar dentro de um paralelepípedo de seção transversal 0,1 mm na vertical e 0,2 mm na horizontal.

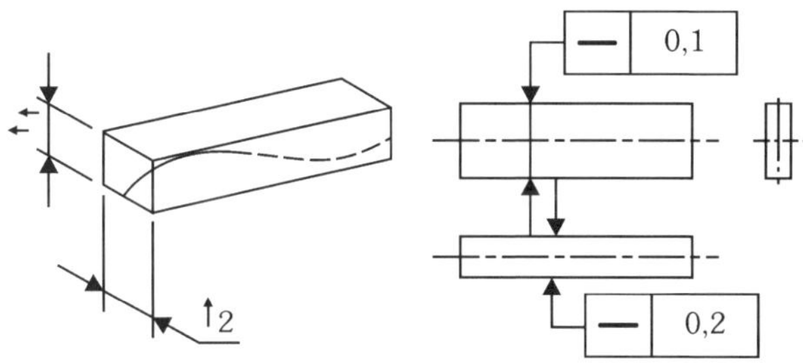

Figura 10.16 - Exemplo de uso.

10.3.3.2 Tolerância de Planeza

Na tolerância de forma de planeza, o campo de tolerância é definido por dois planos paralelos a uma distância "t", Figura 10.17.

Na Figura 10.18, a superfície da peça deve estar entre dois planos afastados a 0,08 mm de distância.

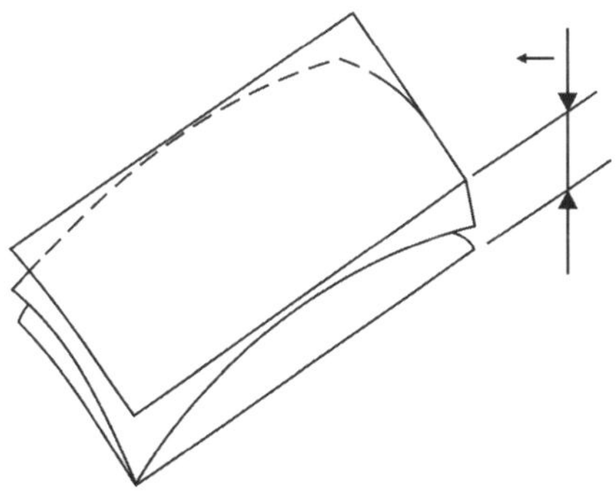

Figura 10.17 - Dois planos paralelos.

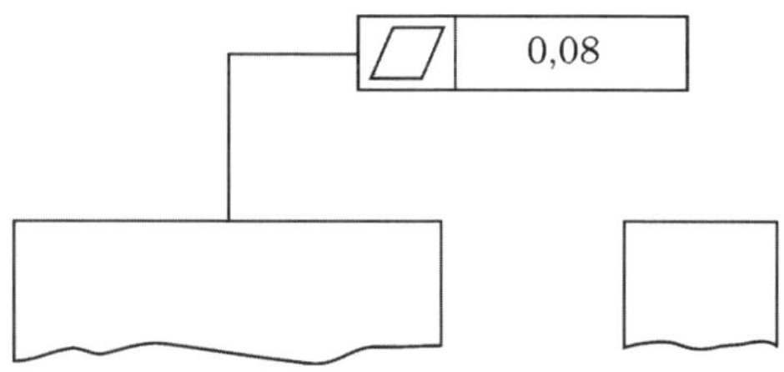

Figura 10.18 - Dois planos afastados.

10.3.3.3 Tolerância de Circularidade

Em peças cilíndricas, na tolerância de forma de circularidade, o campo de tolerância é limitado por dois círculos concêntricos, afastados a uma distância "t".

No exemplo da Figura 10.19, a seção circular da peça deve estar entre dois círculos imaginários concêntricos afastados em 0,03 mm.

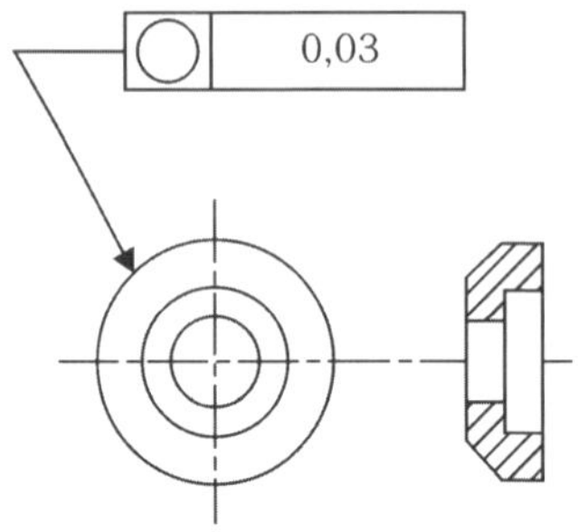

Figura 10.19 - Circularidade.

10.3.3.4 Tolerância de Cilindricidade

Na tolerância de forma de cilindricidade, o campo de tolerância é definido por dois cilindros coaxiais afastados de uma distância "t".

No exemplo seguinte, Figura 10.20, a superfície do cilindro deve estar dentro de dois cilindros imaginários coaxiais afastados em 0,1 mm.

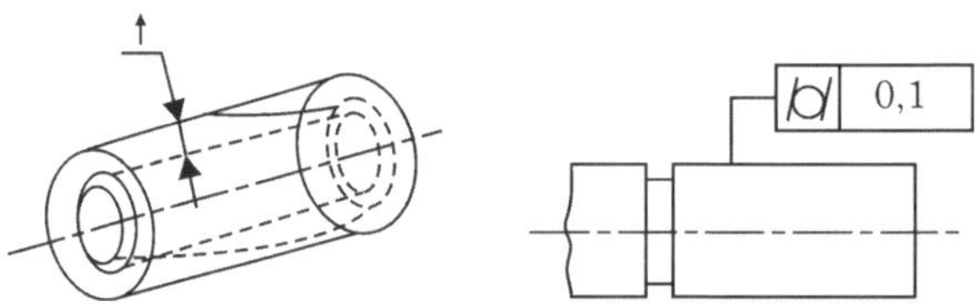

Figura 10.20 - Cilindricidade.

10.3.3.5 Tolerância de Perfil de Linha Qualquer

Na tolerância de forma de linha qualquer, o campo de tolerância é definido por dois perfis gerados de uma circunferência de diâmetro "t" cujo centro corre pelo perfil geométrico desejado.

No exemplo seguinte, Figura 10.21, cada seção da peça deve estar entre as duas linhas geradas por uma circunferência de diâmetro 0,02 mm.

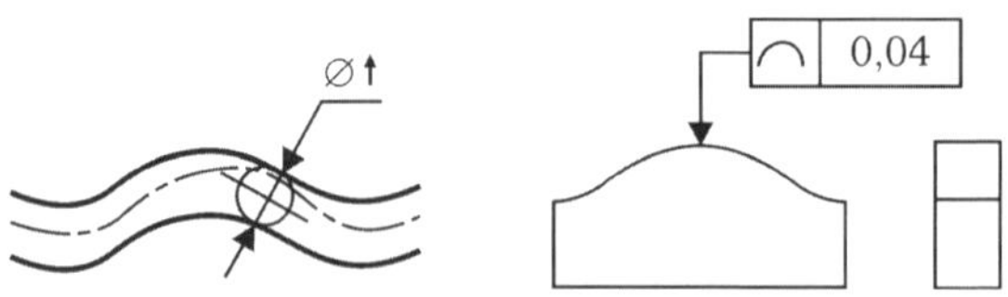

Figura 10.21 - Perfil qualquer.

10.3.3.6 Tolerância de Perfil de Superfície Qualquer

Na tolerância de forma de perfil de superfície qualquer, o campo de tolerância é definido por duas superfícies geradas de uma esfera de diâmetro "t" cujo centro corre pela superfície da forma desejada.

No exemplo apresentado na Figura 10.22, a superfície deve estar entre as duas superfícies geradas a partir de uma esfera de diâmetro 0,03 mm.

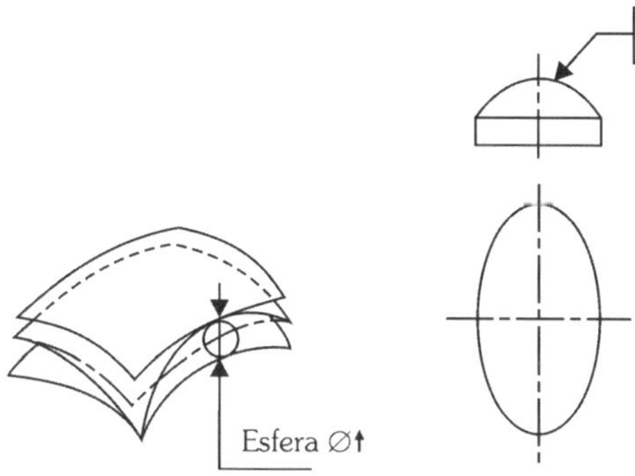

Figura 10.22 - Superfície qualquer.

10.3.3.7 Tolerância de Paralelismo

Esta é uma tolerância de orientação, que determina a posição de um perfil em relação a outro.

Quando a representação ocorre num plano, o campo de tolerância é limitado por duas retas paralelas afastadas a uma distância "t" e paralelas a uma reta de referência.

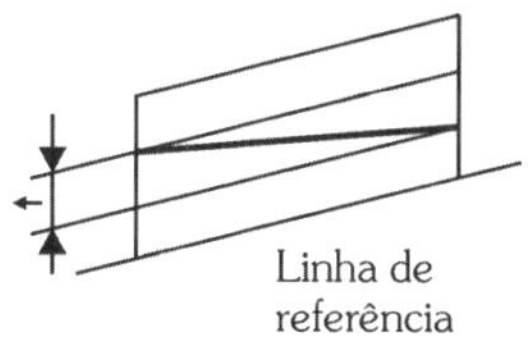

Figura 10.23 - Linha de referência.

No exemplo seguinte, a linha do furo superior deve estar dentro de um campo cilíndrico de diâmetros 0,03 mm, paralela à linha de centro do furo inferior de linha de referência A.

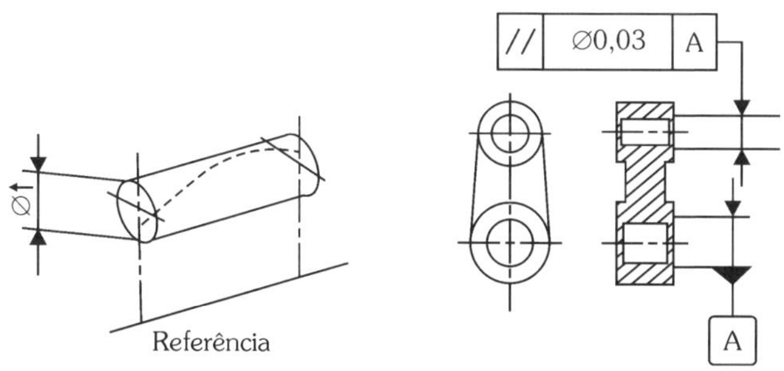

Figura 10.24 - Exemplo.

10.3.3.8 Tolerância de Perpendicularidade

Na tolerância de orientação de perpendicularidade, o campo de tolerância é definido por duas retas paralelas, afastadas por uma distância "t" e perpendiculares a uma linha de referência.

O exemplo da Figura 10.25 é um furo inclinado, e a linha de centro desse furo fica entre duas linhas paralelas com distância de 0,06 mm entre elas e perpendiculares à linha de centro do furo horizontal (referência A).

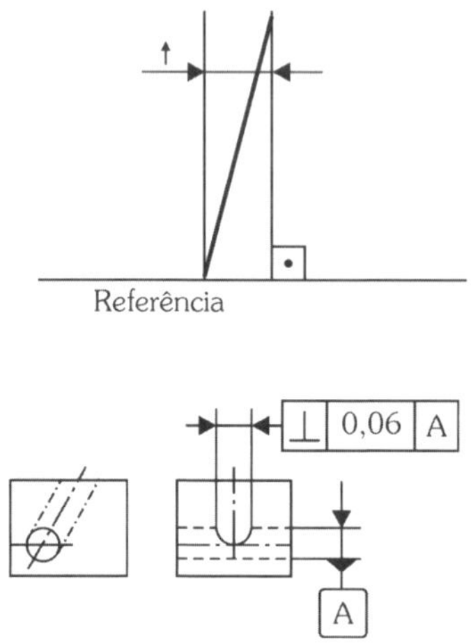

Figura 10.25 - Perpendicularidade.

10.3.3.9 Tolerância de Inclinação

Nos desenhos técnicos, quando for necessário, é indicada a orientação de inclinação de furos. Por exemplo, essa inclinação deve estar entre limites aceitáveis de desvios para que não ocorram problemas de funcionalidade. Na tolerância de orientação de inclinação, o campo de tolerância é definido por duas retas paralelas distantes "t" e com inclinação em relação a uma superfície de referência. No exemplo da Figura 10.26, a linha de centro do furo inclinado deve estar entre duas retas paralelas, afastadas em 0,08 mm e inclinadas em 60° com referência à superfície A.

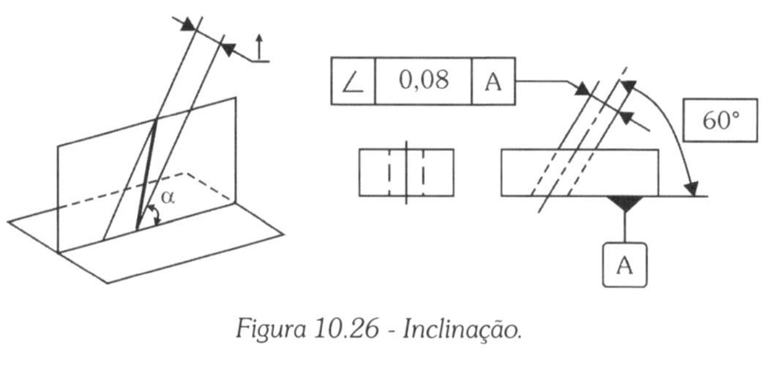

Figura 10.26 - Inclinação.

10.3.3.10 Tolerância de Posição

Muitas vezes é necessário indicar nos desenhos posições de inserção. As indicações são teóricas e devem ter as tolerâncias aceitáveis para desvios definidas. Na tolerância de posição de um ponto, o campo de tolerância é limitado por um círculo de diâmetro "t", com centro na posição teórica. No exemplo seguinte, Figura 10.27, o ponto de inserção deve estar no círculo com diâmetro 0,3 mm cujo centro está na posição teórica.

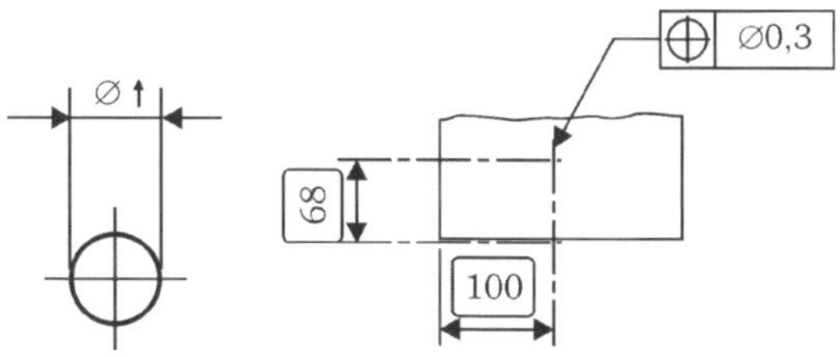

Figura 10.27 - Posição.

10.3.3.11 Tolerância de Concentricidade

Para as peças que possuem o mesmo centro, é preciso determinar as tolerâncias aceitáveis para possíveis desvios entre os centros. Na tolerância de posição de concentricidade, o campo de tolerância é definido por um círculo concêntrico de diâmetro "t" cujo centro é coincidente com um centro de referência. No exemplo da Figura 10.28, o centro do círculo indicado A deve estar concêntrico a um círculo de diâmetro 0,01 mm e dentro dele.

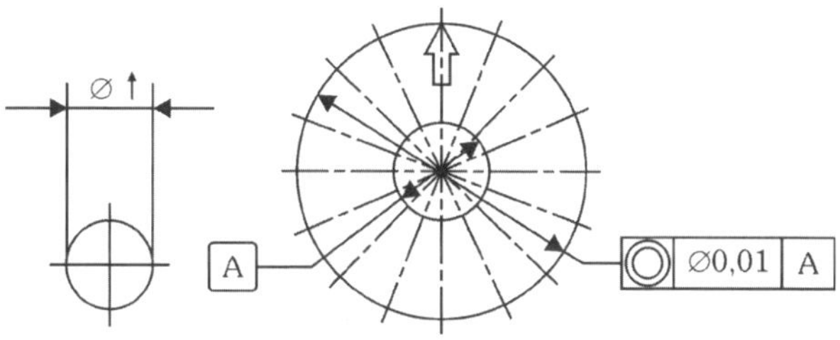

Figura 10.28 - Concentricidade.

10.3.3.12 Tolerância de Coaxilidade

Para as peças que possuem o mesmo eixo, precisam ser determinadas as tolerâncias aceitáveis para possíveis desvios entre os eixos. Na tolerância de posição de coaxilidade, o campo de tolerância é definido por um cilindro de diâmetro "t" e sua linha de centro deve coincidir com uma linha de referência. No exemplo da Figura 10.29, a linha de centro do cilindro indicado deve estar em um campo cilíndrico de diâmetro 0,08 mm, coaxial com a linha de centro A-B.

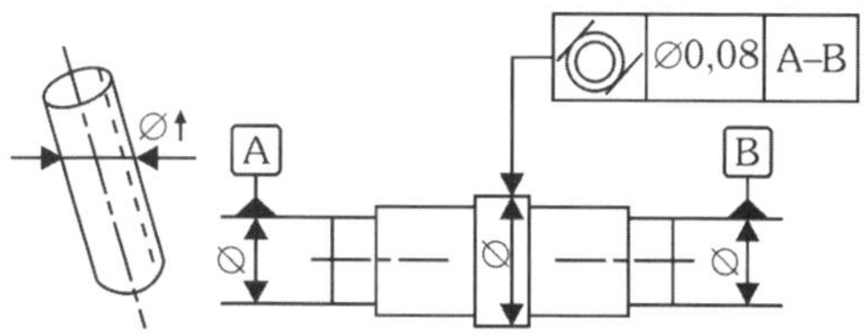

Figura 10.29 - Coaxilidade.

10.3.3.13 Tolerância de Simetria

Peças simétricas, devido ao processo de fabricação, podem sofrer desvios, por isso a tolerância de simetria desses desvios precisa ser determinada. Na tolerância de posição de simetria, o campo de tolerância é definido por dois planos paralelos, a uma distância "t" e simétricos com relação a uma linha ou plano de referência. No exemplo da Figura 10.30, o plano médio do rasgo deve estar entre os dois planos paralelos distantes 0,08 mm e simétricos com relação à referência A.

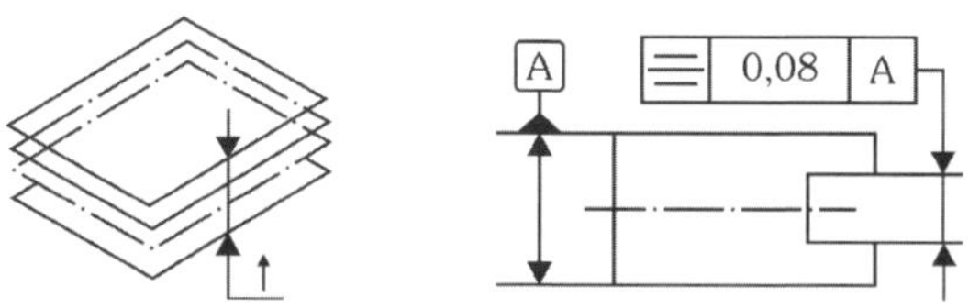

Figura 10.30 - Simetria.

10.3.3.14 Tolerância de Batimento Circular Radial

Na tolerância de batimento circular radial o campo de tolerância é definido por planos perpendiculares à linha de centro, por dois círculos concêntricos, afastados a uma distância "t". Os centros das circunferências coincidem com a linha de referência. No exemplo exibido na Figura 10.31, o batimento circular radial não pode ser maior do que 0,1 mm em qualquer plano durante a rotação da peça em torno do eixo A-B.

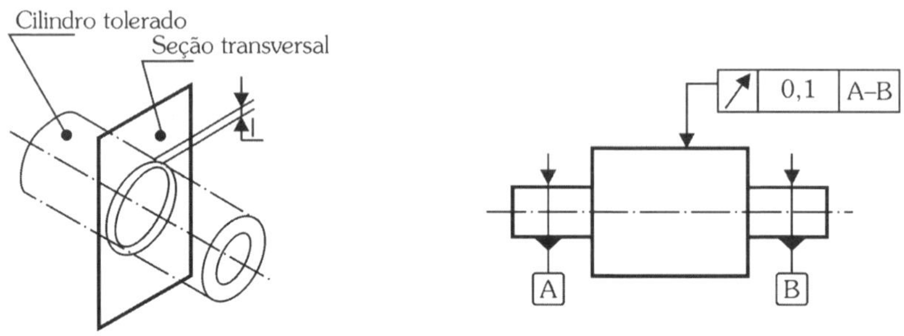

Figura 10.31 - Exemplo: batimento.

10.3.3.15 Tolerância de Batimento Total

Algumas peças, dependendo da sua utilização, devem dar voltas em torno de seu próprio eixo, por este motivo essas peças podem oscilar. A oscilação deve ser controlada para não prejudicar o funcionamento dos mecanismos, por isso devem ser determinadas tolerâncias de batimento.

Na tolerância de batimento total radial o campo de tolerância é limitado por duas superfícies cilíndricas coaxiais, afastadas a uma distância "t". As linhas de centro das superfícies devem coincidir com a linha de referência.

No exemplo da Figura 10.32, o batimento radial total não deve ser maior do que 0,1 mm em qualquer ponto da superfície durante a rotação em torno da referência A-B e com o movimento axial relativo entre a peça e o instrumento de medição.

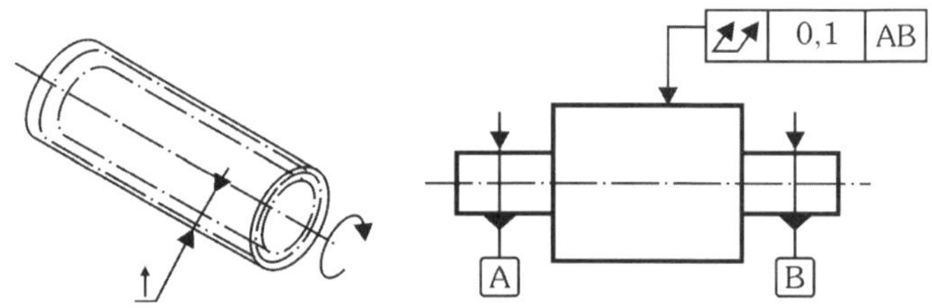

Figura 10.32 - Batimento total.

Na tolerância de batimento total axial, Figura 10.33, o campo de tolerância é limitado por dois planos paralelos, afastados a uma distância "t" e perpendiculares a uma linha de referência.

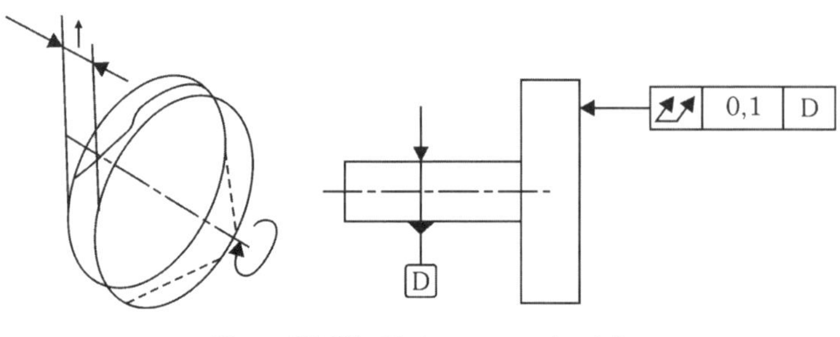

Figura 10.33 - Batimento total axial.

Exercícios

1. De acordo com a norma DIN 4768, defina rugosidade.

2. Represente o símbolo de estado de superfície com as posições das indicações que podem ser utilizadas.

3. Utilizando as classes de qualidade, qual a tolerância de um eixo 7h9?

4. Utilizando as classes de qualidade, qual a tolerância de um furo 15H9?

Anotações

Bibliografia

ABNT. Associação Brasileira de Normas Técnicas. **Catálogo de normas técnicas**. Disponível em: <http://www.abnt.catalogo.com.br>

LIMA, C. C.; CRUZ, M. D. **Estudo Dirigido de AutoCAD 2005:** *Enfoque para Mecânica*. São Paulo: Érica, 2004.

PROVENZA, F. **Manual Protec do Desenhista de Máquinas**. São Paulo: Protec.

Marcas Registradas

Todos os nomes registrados, marcas registradas ou direitos de uso citados neste livro pertencem aos seus respectivos proprietários.

Índice Remissivo

U

V

CADASTRO PARA MALA DIRETA

Ao preencher este formulário e enviá-lo à Editora Érica por fax (11) 2097-4060 ou pelo correio, você receberá informações periódicas sobre os nossos lançamentos.

Nota: *É indispensável preencher todos os campos para validar o cadastro.*

Dobre/Cole

Desejo cadastrar-me para receber informações sobre os lançamentos

Livro: Desenho Técnico para Mecânica - Conceitos, Leitura e Interpretação

Autor(es): Michele David da Cruz **Código:** 3202

Nome:

Endereço para correspondência:

Bairro:

Cidade:

Estado: **CEP:** -

Telefone: 0 X X -

Fax: 0 X X -

E-mail:

CPF ou CNPJ

RG ou I.E.

Onde este livro foi comprado?

( ) Internet ( ) Livraria ( ) Outro ______

Onde você tomou conhecimento do livro?

( ) Anúncio ( ) Escola ( ) Mala Direta ( ) Catálogo ( ) Internet

( ) Revista ( ) Outro ______

Dobre/Cole

Dobre/Cole

Dobre/Cole

PRT/SPM-4707/94
UP AC ÁGUA RASA
DR/SÃO PAULO

CARTÃO-RESPOSTA

NÃO É NECESSÁRIO SELAR

o selo será pago por
EDITORA ÉRICA LTDA.

03331-970 SÃO PAULO - SP

Dobre/Cole

Dobre/Cole